Ingeniería y Arquitectura · 13

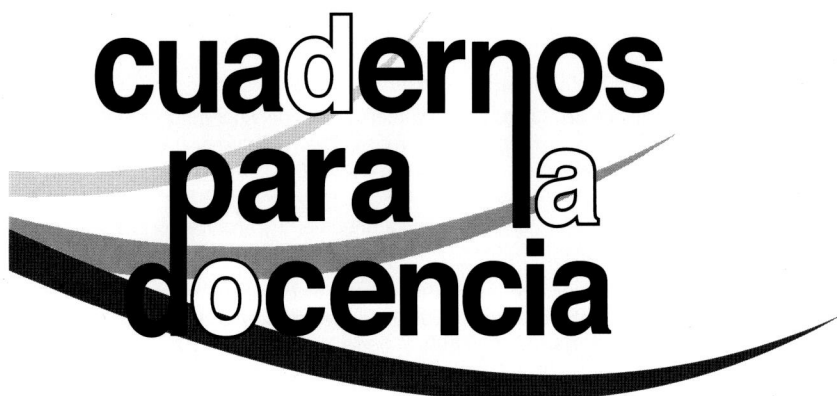

cuadernos para la docencia

Curso Básico de Mecánica de Fluidos para Ingenieros

Manuel Rodríguez de Rivera Rodríguez
Fabiola Socorro Lorenzo
Pedro Jesús Rodríguez de Rivera Socorro

ULPGC
Universidad de
Las Palmas de
Gran Canaria

Servicio de
Publicaciones y
Difusión Científica

2024

Colección: Cuadernos para la Docencia
Rama de conocimiento: Ingeniería y Arquitectura · 13
Curso Básico de Mecánica de Fluidos para Ingenieros

RODRÍGUEZ DE LA RIVERA RODRÍGUEZ, Manuel

Curso básico de Mecánica de Fluidos para ingenieros / Manuel Rodríguez de la Rivera Rodríguez, Fabiola Socorro Lorenzo, Pedro Jesús Rodríguez de la Rivera Socorro. -- Las Palmas de Gran Canaria : Universidad de Las Palmas de Gran Canaria, Servicio de Publicaciones y Difusión Científica, 2024

162 p. ; 24 cm. -- (Cuadernos para la docencia. Ingeniería y Arquitectura; 13)

ISBN 978-84-9042-552-7

1. Mecánica de fluidos – Tratados, manuales, etc. 2. Mecánica de fluidos – Problemas y ejercicios I. Socorro Lorenzo, Fabiola II. Rodríguez de la Rivera Socorro, Pedro Jesús III. Universidad de Las Palmas de Gran Canaria, ed. IV. Título V. Serie

532(076)

Thema: PHDF, TGMP, 4CT

La publicación de esta obra ha sido aprobada, tras recibir dictamen favorable en un proceso de evaluación interno, por el Consejo Editorial del Servicio de Publicaciones y Difusión Científica de la ULPGC

Primera edición. Las Palmas de Gran Canaria, 2024

ISBN: 978-84-9042-552-7
ISBN (edición electrónica): 978-84-9042-553-4
Depósito Legal: GC 676-2024

Impresión:
Talleres Editoriales Cometa, S.A.

Impreso en España. *Printed in Spain*

ÍNDICE

INTRODUCCIÓN   9

CAPÍTULO 1. ECUACIÓN DE NAVIER-STOKES   11

1. Equilibrio de una partícula fluida. Ecuación de Navier-Stokes   13

   1.1. Fuerzas debidas a la presión   14

   1.2. Fuerzas debidas a la viscosidad   15

   1.3. Expresión general de la ecuación de Navier-Stokes   17

   1.4. Ecuación de Navier-Stokes para el flujo de fluidos
      incompresibles y newtonianos en estado estacionario   17

2. Estática de fluidos. Presión en el seno de un líquido.   20

   2.1. Fuerza que soporta una superficie plana sumergida   22

      2.1.1. Ejemplo 1: fuerza sobre una compuerta   23

   2.2. Principio de Arquímedes   24

   2.3. Determinación del centro de presiones   25

      2.3.1. Ejemplo 2: centro de presiones   26

      2.3.2. Ejemplo 3: equilibrio de una compuerta   27

3. Movimiento del fluido como sólido rígido   29

   3.1. Movimiento de traslación   29

      3.1.1. Ejemplo 4: cálculo del límite de desbordamiento   31

      3.1.2. Ejemplo 5: movimiento de fluido en plano inclinado 32

   3.2. Movimiento de rotación   34

      3.2.1. Ejemplo 6: movimiento de fluido en rotación   35

3.2.2. Ejemplo 7: fluido en rotación en una tubería   36

4. Aplicación de la ecuación de Navier-Stokes a un flujo laminar y estacionario de fluido incompresible no viscoso. Ecuación de Bernoulli   37

4.1. Tubo de Pitot   38

4.2. Aplicación de la ecuación de Bernoulli   39

4.2.1. Ejemplo 8: caso de estrechamiento   39

4.2.2. Ejemplo 9: caso de bifurcación I   40

4.2.3. Ejemplo 10: caso de bifurcación II   41

5. Aplicación de la ecuación de Navier-Stokes a un flujo laminar y estacionario de fluido incompresible, viscoso y newtoniano. Ecuación de Poiseuille   42

5.1. Ejemplo 11: flujo laminar en una arteria   44

CAPÍTULO 2. TEOREMA DEL TRANSPORTE DE REYNOLDS   47

1. Conceptos previos   49

2. Demostración del teorema de transporte de Reynolds   50

3. Aplicación del teorema de transporte de Reynolds al principio de conservación de la masa   52

3.1. Ejemplo 12: vaciado de un depósito   55

4. Aplicación del teorema de transporte de Reynolds al principio de conservación de la cantidad de movimiento   56

4.1. Ejemplo 13: fuerza sobre un accesorio (1/3)   57

4.2. Ejemplo 14: fuerza sobre un accesorio (2/3)   59

4.3. Ejemplo 15: fuerza sobre un accesorio (3/3)   60

4.4. Ejemplo 16: fuerza sobre un álabe   61

5. Aplicación del teorema de transporte de Reynolds al principio de conservación de la energía   62

5.1. Aplicación al caso de fluidos compresibles (gases) en estado estacionario   64

5.1.1. Ejemplo 17: balance en transporte de aire (1/2)   64

5.1.2. Ejemplo 18: balance en transporte de aire (2/2)   66

5.2. Aplicación al caso de fluido incompresible (líquidos) en estado estacionario   67

5.2.1. Ejemplo 19: suministro desde depósito   69

CAPÍTULO 3. FLUJO INTERNO DE FLUIDOS VISCOSOS INCOMPRESIBLES   73

1. Flujo laminar y turbulento. Número de Reynolds   75

2. Ecuación de Bernoulli. Coeficiente de energía cinética   77

3. Pérdidas primarias en tuberías longitudinales   79

   3.1. Coeficiente de fricción de Darcy para el caso de flujo laminar   80

   3.2. Coeficiente de fricción de Darcy para flujo turbulento   81

   3.3. Determinación del coeficiente de fricción de Darcy con el diagrama de Moody   83

     3.3.1. Ejemplo 20: cálculo de conducción de descarga   84

4. Sistemas de tuberías   87

   4.1. Tuberías en serie.   87

     4.1.1. Ejemplo 21: descarga con tuberías en serie   88

   4.2. Tuberías en paralelo. Ecuación de malla   89

     4.2.1. Ejemplo 22: conducción en tuberías en paralelo   91

   4.3. Bifurcaciones   92

     4.3.1. Ejemplo 23: descarga en bifurcación   93

     4.3.2. Ejemplo 24: problema de los tres depósitos   95

   4.4. Redes de tuberías.   97

     4.4.1. Ejemplo 25: sistema de distribución   97

5. Pérdidas secundarias o localizadas   101

   5.1. Coeficiente de pérdidas localizadas   101

     5.1.1. Ejemplo 26: descarga con válvula   103

   5.2. Longitud equivalente para determinar pérdidas localizadas   105

CAPÍTULO 4. IMPULSIÓN DE LÍQUIDOS. BOMBAS CENTRÍFUGAS Y VOLUMÉTRICAS   107

1. Curva característica de una instalación   109

   1.1. Ejemplo 27: curva característica de una instalación   112

2. Bombas centrífugas   113

   2.1. Curva característica de una bomba centrífuga   114

   2.2. Punto de funcionamiento y rendimiento de una bomba centrífuga   118

     2.2.1. Ejemplo 28: selección de bomba   118

     2.2.2. Ejemplo 29: punto de funcionamiento   121

2.3. Asociación de bombas centrífugas   126

    2.3.1. Ejemplo 30: asociación de bombas   128

2.4. NPSH-R (Net positive suction head required)   131

    2.4.1. Ejemplo 31: altura de aspiración de una bomba   133

3. Bombas volumétricas   134

    3.1. Ejemplo 32: suministro con bomba volumétrica   136

CAPÍTULO **5.** FLUJO INTERNO DE FLUIDOS VISCOSOS COMPRESIBLES   139

1. Flujo compresible en ductos con fricción   142

    1.1. Aproximación isoterma   144

    1.2. Aproximación adiabática   145

    1.3. Flujo compresible subsónico entre puntos muy próximos   146

2. Ejemplos prácticos de transporte de gas   147

    2.1. Ejemplo 33: transporte isotermo (1/3)   147

    2.2. Ejemplo 34: transporte isotermo paralelo   148

    2.3. Ejemplo 35: transporte isotermo (2/3)   150

    2.4. Ejemplo 36: transporte isotermo (3/3)   151

    2.5. Ejemplo 37: transporte adiabático (1/3)   152

    2.6. Ejemplo 38: transporte adiabático (2/3)   153

    2.7. Ejemplo 39: transporte adiabático (3/3)   153

    2.8. Ejemplo 40: descarga de depósito   154

BIBLIOGRAFÍA   157

ANEXO I   159

INTRODUCCIÓN

Este *Curso Básico de Mecánica de Fluidos para Ingenieros* es consecuencia de una larga experiencia docente en esta materia. Se empezaron a escribir en el año 2020 como respuesta rápida a la exigencia de impartir clases on-line a través de las plataformas disponibles en el Campus Virtual de la Universidad de Las Palmas de Gran Canaria. Además de las clases on-line, fue necesario elaborar un material docente con el cual el estudiante pudiera comprender la asignatura de forma autónoma. Para este fin fueron elaborados estos apuntes que contienen tanto los conceptos básicos de la Mecánica de Fluidos como numerosos ejercicios de aplicación que permiten comprender los conceptos presentados. Han pasado tres cursos académicos en los que los estudiantes han tenido acceso a ellos a través del Campus Virtual; en este tiempo se han corregido erratas y se han contestado diferentes cuestiones planteadas por los estudiantes. Por ello, se ha considerado que ya era el momento de publicar estos apuntes como libro de apoyo para el estudiantado.

No se pretende sustituir los tratados clásicos de Mecánica de Fluidos. Con estos apuntes se intenta facilitar al estudiante la comprensión de las ecuaciones básicas para que puedan abordar conceptos y aplicaciones más complejas.

Los dos primeros capítulos tratan de las ecuaciones básicas utilizadas en la Mecánica de Fluidos: la Ecuación de Navier-Stokes y el Teorema de Transporte de Reynolds. El tratamiento pretende ser racional, por esta razón se demuestran con detalle dichas ecuaciones, se explican sus posibilidades y también sus límites de aplicación. Los capítulos restantes tratan sobre el flujo interno de fluidos viscosos de líquidos y gases; estos capítulos tienen una alta carga práctica y con ellos se pretende que los alumnos de ingeniería puedan resolver cualquier problema real de transporte de fluidos.

Antes de empezar esta materia es conveniente repasar unos conceptos previos. En primer lugar, el concepto de fluido, éste se caracteriza por tomar la forma del recipiente donde se almacena. En el caso de fluidos incompresibles (líquidos) el volumen se mantiene constante, es decir la densidad del fluido se considera constante. Sin embargo, en el caso de gases la densidad dependerá de la presión y la temperatura. En estos apuntes consideraremos la aproximación de gas ideal, y en el flujo de gases consideraremos únicamente los casos subsónicos. Otro concepto importante es el de estado estacionario, en estos apuntes siempre vamos a considerar los casos de flujo estacionario; es decir, cuando en un punto del espacio ocupado por el fluido en movimiento las propiedades del flujo (presión y velocidad) y del fluido (densidad y viscosidad) no cambian con el tiempo.

ECUACIÓN DE NAVIER-STOKES

Las Leyes de Newton son la base en el desarrollo de la Mecánica Newtoniana, en la que se incluye el Cálculo de Estructuras y también gran parte de la Mecánica de Fluidos. La ecuación de Navier – Stokes es el resultado de aplicar la 2ª Ley de Newton a un elemento diferencial de fluido. Esta ecuación y sus casos particulares son imprescindibles en el desarrollo de Mecánica de Fluidos.

1. Equilibrio de una partícula fluida. Ecuación de Navier-Stokes

La 2º Ley de Newton relaciona la aceleración que experimenta un cuerpo con las fuerzas que soporta. En nuestro caso, aplicaremos esta Ley a un elemento diferencial de fluido. Entre las fuerzas que soporta nuestro diferencial de masa distinguimos las fuerzas externas e internas.

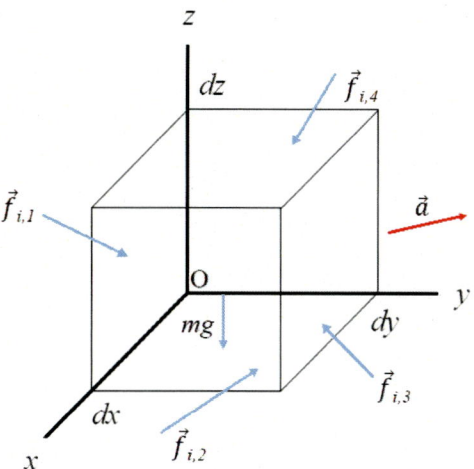

Figura 1.1. Fuerzas internas y externas sobre un elemento diferencial de fluido.

Denominamos fuerzas internas a las que actúan directamente sobre la masa y la carga de la sustancia, estas son el peso (mg), la fuerza eléctrica ($q\vec{E}$) y la fuerza magnética ($q\vec{v}x\vec{B}$). Las fuerzas externas son las que actúan sobre las superficies del elemento diferencial, estas son principalmente dos: las fuerzas de presión y las fuerzas viscosas. En la Ecuación de Navier-Stokes no consideramos las fuerzas eléctricas y magnéticas, pero si la sustancia fluida tuviera una carga eléctrica importante y estuviera en una zona de campo eléctrico y/o magnético, habría que considerarlas.

1.1. Fuerzas debidas a la presión

La presión actúa produciendo fuerzas normales a las superficies del elemento diferencial de fluido. En los fluidos, la fuerza de presión será siempre perpendicular a la superficie. Para calcular la resultante de las fuerzas de presión que actúan sobre las caras del elemento diferencial de fluido, comenzaremos analizando las fuerzas de presión en la dirección OY.

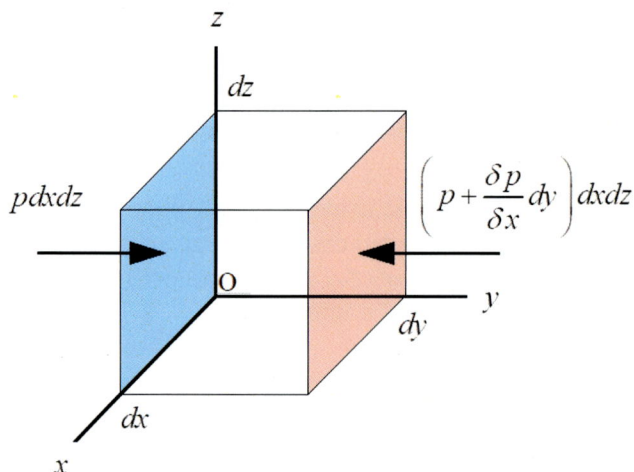

Figura 1.2. Fuerzas en la dirección OY debida a la presión.

En la figura se muestran las fuerzas de presión en esta dirección sobre esta cara lateral izquierda (en azul), esta fuerza es el producto de la presión (p) y por superficie dxdz. En la cara lateral derecha (en rojo), la presión será modificada en un Δp que se correspondería a la variación de la presión a lo largo del eje OY Δp =(δp/δy)dy. Por tanto, la resultante en esa dirección será:

$$f_y = \left(p - \left(p + \frac{\delta p}{\delta y} dy \right) \right) dxdz = -\frac{\delta p}{\delta y} dxdydz \tag{1.1}$$

Aplicamos el mismo razonamiento para las componentes de las fuerzas correspondiente a los ejes X y Z:

$$f_x = -\frac{\delta p}{\delta x}dxdydz \qquad f_z = -\frac{\delta p}{\delta z}dxdydz \tag{1.2}$$

Finalmente obtenemos la fuerza resultante sobre el elemento diferencial de fluido:

$$\vec{f}_{presión} = -\left(\frac{\delta p}{\delta x}\vec{i} + \frac{\delta p}{\delta y}\vec{j} + \frac{\delta p}{\delta z}\vec{k}\right)dxdydz = -\nabla p\, dxdydz$$

$$\boxed{\vec{f}_{presión} = -\nabla p\, dxdydz} \tag{1.3}$$

Siendo ∇p el gradiente de la presión. La fuerza debida a la presión es perpendicular a las superficies "equi-presión" (isobaras) y el signo menos indica que esta fuerza va en el sentido de mayor a menor presión. Expresiones similares observamos en electrostática, donde el campo eléctrico es igual a menos el gradiente del potencial ($\vec{E}$ = – ∇V), en este caso el campo eléctrico es perpendicular a las superficies equipotenciales y va en el sentido de mayor a menor potencial (V). Otro ejemplo es la Ley de Fourier de la transferencia del calor por conducción en sólidos dQ/dt = – kS∇T, en el que la potencia calorífica (dQ/dt) va en el sentido de mayor a menor temperatura (T). En esta expresión, k es la conductividad térmica y S la superficie.

1.2. Fuerzas debidas a la viscosidad

La viscosidad indica la resistencia al movimiento que presenta un fluido. Se asemeja al rozamiento en el movimiento de los cuerpos sólidos, aunque ambos fenómenos no son equivalentes. Las fuerzas de viscosidad pueden actuar en cualquier dirección, es decir los esfuerzos correspondientes pueden ser cortantes, de tracción o de compresión.

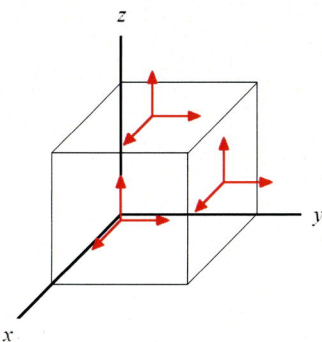

Figura 1.3. Esfuerzos viscosos en un diferencial de volumen.

La figura muestra las componentes de los esfuerzos viscosos que soportan las caras vistas de un elemento diferencial de volumen. El esfuerzo viscoso es una fuerza por unidad de superficie (N/m^2). Para determinar la resultante de las fuerzas viscosas que actúan sobre el elemento diferencial, trabajaremos componente a componente. Para la componente según X, consideramos los esfuerzos en las caras ocultas (vectores a trazos en la figura 1.3) y los esfuerzos en las caras vistas que tienen esa dirección (vectores en continuo). Los esfuerzos en caras opuestas no son iguales sino que se diferencian en un $\Delta\tau$ que va a producir el movimiento del fluido en esa dirección.

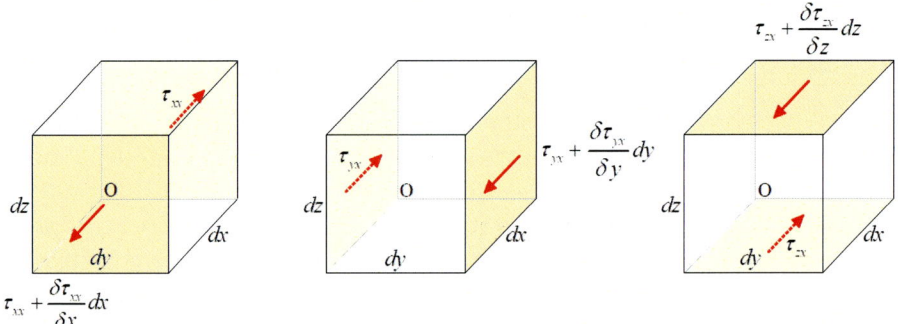

Figura 1.4. Esfuerzos viscosos en cada cara del elemento diferencial de fluido en la dirección OX.

Multiplicando estos esfuerzos por las superficies de las caras en las que actúan y sumando, tenemos:

$$f_x = \left(\tau_{xx} + \frac{\delta\tau_{xx}}{\delta x}dx - \tau_{xx}\right)dydz + \left(\tau_{yx} + \frac{\delta\tau_{yx}}{\delta y}dy - \tau_{yx}\right)dxdz +$$

$$+ \left(\tau_{zx} + \frac{\delta\tau_{zx}}{\delta z}dz - \tau_{zx}\right)dxdy =$$

$$= \left(\frac{\delta\tau_{xx}}{\delta x}dx\right)dydz + \left(\frac{\delta\tau_{yx}}{\delta y}dy\right)dxdz + \left(\frac{\delta\tau_{zx}}{\delta z}dz\right)dxdy =$$

$$= \left(\frac{\delta\tau_{xx}}{\delta x} + \frac{\delta\tau_{yx}}{\delta y} + \frac{\delta\tau_{zx}}{\delta z}\right)dxdydz \tag{1.4}$$

De forma idéntica con las componentes OY y OZ, obtenemos:

$$f_y = \left(\frac{\delta\tau_{xy}}{\delta x} + \frac{\delta\tau_{yy}}{\delta y} + \frac{\delta\tau_{zy}}{\delta z}\right)dxdydz$$

$$f_z = \left(\frac{\delta\tau_{xz}}{\delta x} + \frac{\delta\tau_{yz}}{\delta y} + \frac{\delta\tau_{zz}}{\delta z}\right)dxdydz \tag{1.5}$$

Finalmente, la resultante de las fuerzas viscosas tendría la siguiente expresión matricial:

$$\vec{f}_{viscosa} = \left(\frac{\delta}{\delta x} \quad \frac{\delta}{\delta y} \quad \frac{\delta}{\delta z} \right) \begin{pmatrix} \tau_{xx} & \tau_{xy} & \tau_{xz} \\ \tau_{yx} & \tau_{yy} & \tau_{yz} \\ \tau_{zx} & \tau_{zy} & \tau_{zz} \end{pmatrix} dxdydz = \nabla \cdot T \, dxdydz \qquad (1.6)$$

En donde la matriz T es el tensor de esfuerzos viscosos, y la expresión $\nabla \cdot T$ representa la divergencia del tensor T. Nótese que la diagonal del tensor son esfuerzos normales a la superficie y los demás términos son esfuerzos tangenciales. En el caso de movimiento estacionario del fluido, la matriz T es simétrica: $\tau_{zx} = \tau_{xz}$, $\tau_{yx} = \tau_{xy}$ y $\tau_{yz} = \tau_{zy}$.

1.3. Expresión general de la ecuación de Navier-Stokes

Aplicando la 2ª Ley de Newton y considerando las fuerzas anteriormente explicadas, obtenemos la ecuación de Navier – Stokes:

$$\sum \vec{f} = dm \, \vec{a} = \underbrace{dm \, \vec{g}}_{\text{Peso}} \underbrace{- \nabla p \, dxdydz}_{\text{Fuerzas presión}} \underbrace{+ \nabla \cdot T \, dxdydz}_{\text{Fuerzas viscosidad}}$$

$$\rho dxdydz \, \vec{a} = \rho dxdydz \, \vec{g} - \nabla p \, dxdydz + \nabla \cdot T \, dxdydz \qquad (1.7)$$

Finalmente obtenemos:

$$\boxed{\rho \vec{a} = \rho \vec{g} - \nabla p + \nabla \cdot T} \qquad (1.8)$$

Esta ecuación diferencial se cumple en el seno de un fluido y para integrarla, debemos tener en cuenta las condiciones iniciales y las condiciones de contorno. Puede utilizarse para cualquier tipo de fluido, líquido o gas.

Sin embargo, al tratarse de una ecuación diferencial vectorial en derivadas parciales, son pocos los casos en los que es posible determinar una solución analítica. Existe un campo del conocimiento denominado Mecánica de Fluidos Computacional (CFD, Computational Fluid Dynamics) cuyo objetivo es resolver numéricamente esta ecuación para múltiples aplicaciones reales.

1.4. Ecuación de Navier- Stokes para el flujo de fluidos incompresibles y newtonianos en estado estacionario

Todos los fluidos son compresibles. Sin embargo, cuando la compresibilidad del fluido es muy baja, podemos aproximar su comportamiento a la de un fluido incompresible. Esta hipótesis se aplica en general a todos los fluidos en estado líquido. En determinadas condiciones (baja presión) también se puede asumir esta hipótesis en el estudio del flujo de gases, pero en general la densidad de un gas depende de la presión y la temperatura. Un fluido incompresible es aquel cuya densidad permanece constante. Como consecuencia de esta condición y considerando la ecuación de continuidad, la divergencia de la velocidad es nula. La ecuación de continuidad para el flujo de fluidos es la siguiente:

$$\frac{\delta\rho}{\delta t} + \nabla \cdot \left(\rho\vec{v}\right) = 0 \tag{1.9}$$

Esta ecuación diferencial se deducirá en el tema siguiente y es consecuencia del Principio de Conservación de la Masa. Como el fluido considerado es incompresible, es decir su densidad ρ es constante, la ecuación anterior queda de la forma:

$$\nabla \cdot \vec{v} = 0 \tag{1.10}$$

Por otra parte, es necesario relacionar los esfuerzos viscosos con la velocidad del fluido. Un fluido newtoniano es aquel que cumple la Ley de Viscosidad de Newton, que postula que la deformación del perfil de velocidades del fluido es proporcional al esfuerzo viscoso. Se define viscosidad μ del fluido a este factor de proporcionalidad, cuya unidad en el S.I. es Pa s.

El agua, por ejemplo, tiene una viscosidad de 1 mPa·s para 20ºC y 0.32 mPa·s para 90 ºC. A este coeficiente μ se le denomina viscosidad dinámica. También se define la viscosidad cinemática al resultado de dividir la viscosidad dinámica por la densidad, en el caso del agua es 1×10^{-6} m^2/s para 20 ºC. En general, los fluidos comunes como el aire, agua, los hidrocarburos, etc. se comportan como fluidos newtonianos en condiciones estables de presión y temperatura. Sin embargo, un fluido no newtoniano no sigue la Ley de Viscosidad de Newton y su comportamiento es muy diferente, un ejemplo clásico de fluido no newtoniano es el Oobleck. En definitiva, la consideración de fluido newtoniano implica las siguientes condiciones de proporcionalidad entre la variación espacial de la velocidad y el esfuerzo viscoso:

$$\tau_{xx} = 2\mu\frac{\delta v_x}{dx} \quad \tau_{yx} = \mu\left(\frac{\delta v_y}{\delta x} + \frac{\delta v_x}{\delta y}\right)$$

$$\tau_{yy} = 2\mu\frac{\delta v_y}{\delta y} \quad \tau_{zx} = \mu\left(\frac{\delta v_z}{\delta x} + \frac{\delta v_x}{\delta z}\right) \tag{1.11}$$

$$\tau_{zz} = 2\mu\frac{\delta v_z}{\delta z} \quad \tau_{zy} = \mu\left(\frac{\delta v_y}{\delta z} + \frac{\delta v_z}{\delta y}\right)$$

Evidentemente, y de acuerdo con las expresiones anteriores, se cumple que $\tau_{zx} = \tau_{xz}$, $\tau_{yx} = \tau_{xy}$ y $\tau_{yz} = \tau_{zy}$. Es decir, el tensor de esfuerzos viscosos es simétrico y estamos en una situación de flujo en estado estacionario. Sustituimos estas relaciones en la expresión de la fuerza viscosa por unidad de volumen:

$$\frac{\vec{f}_{viscosa}}{dxdydz} = \begin{pmatrix} \dfrac{\delta}{\delta x} \\[3mm] \dfrac{\delta}{\delta y} \\[3mm] \dfrac{\delta}{\delta z} \end{pmatrix}^{T} \begin{pmatrix} 2\mu\dfrac{\delta v_x}{\delta x} & \mu\left(\dfrac{\delta v_y}{\delta x}+\dfrac{\delta v_x}{\delta y}\right) & \mu\left(\dfrac{\delta v_z}{\delta x}+\dfrac{\delta v_x}{\delta z}\right) \\[3mm] \mu\left(\dfrac{\delta v_y}{\delta x}+\dfrac{\delta v_x}{\delta y}\right) & 2\mu\dfrac{\delta v_y}{\delta y} & \mu\left(\dfrac{\delta v_y}{\delta z}+\dfrac{\delta v_z}{\delta y}\right) \\[3mm] \mu\left(\dfrac{\delta v_z}{\delta x}+\dfrac{\delta v_x}{\delta z}\right) & \mu\left(\dfrac{\delta v_y}{\delta z}+\dfrac{\delta v_z}{\delta y}\right) & 2\mu\dfrac{\delta v_z}{\delta z} \end{pmatrix} \quad (1.12)$$

Operamos y reordenamos los términos, quedando la siguiente expresión:

$$\frac{\vec{f}_{viscosa}}{dxdydz} = \mu\left[\left(\frac{\delta^2 v_x}{\delta x^2}+\frac{\delta^2 v_x}{\delta y^2}+\frac{\delta^2 v_x}{\delta z^2}\right)+\frac{\delta}{\delta x}\left(\frac{\delta v_x}{\delta x}+\frac{\delta v_y}{\delta y}+\frac{\delta v_z}{\delta z}\right)\right]\vec{i} +$$

$$\mu\left[\left(\frac{\delta^2 v_y}{\delta x^2}+\frac{\delta^2 v_y}{\delta z^2}+\frac{\delta^2 v_y}{\delta y^2}\right)+\frac{\delta}{\delta y}\left(\frac{\delta v_x}{\delta x}+\frac{\delta v_y}{\delta y}+\frac{\delta v_z}{\delta z}\right)\right]\vec{j} + \quad (1.13)$$

$$\mu\left[\left(\frac{\delta^2 v_z}{\delta x^2}+\frac{\delta^2 v_z}{\delta y^2}+\frac{\delta^2 v_z}{\delta z^2}\right)+\frac{\delta}{\delta z}\left(\frac{\delta v_x}{\delta x}+\frac{\delta v_y}{\delta y}+\frac{\delta v_z}{\delta z}\right)\right]\vec{k}$$

Los primeros paréntesis son la Laplaciana de cada componente de la velocidad ($\mu\nabla^2 V_x$, $\mu\nabla^2 V_y$, $\mu\nabla^2 V_z$), y los segundos son las derivadas de la divergencia de la velocidad ($\nabla\cdot\vec{V}$). De este modo, la expresión queda:

$$\frac{\vec{f}_{viscosa}}{dxdydz} = \mu\left[\nabla^2 v_x+\frac{d}{dx}\left(\nabla\cdot\vec{v}\right)\right]\vec{i} + \mu\left[\nabla^2 v_y+\frac{d}{dy}\left(\nabla\cdot\vec{v}\right)\right]\vec{j} +$$

$$+\mu\left[\nabla^2 v_z+\frac{d}{dz}\left(\nabla\cdot\vec{v}\right)\right]\vec{k} \quad (1.14)$$

Como explicamos anteriormente, en fluidos incompresibles la divergencia de la velocidad es nula. Por tanto:

$$\vec{f}_{viscosa} = \mu\left(\nabla^2 v_x\vec{i}+\nabla^2 v_y\vec{j}+\nabla^2 v_z\vec{k}\right)dxdydz = \mu\nabla^2\vec{v}\,dxdydz \quad (1.15)$$

Así llegamos a la ecuación de Navier-Stokes para fluidos incompresibles, newtonianos y en estado estacionario:

$$\boxed{\rho\vec{a} = \rho\vec{g} - \nabla p + \mu\nabla^2\vec{v}} \quad (1.16)$$

Esta expresión relaciona la velocidad y la presión en el seno de un líquido de densidad ρ y viscosidad μ. En el estudio del flujo de fluidos, la presión y la velocidad del fluido son las magnitudes de mayor interés. Como ya hemos indicado anteriormente, esta ecuación diferencial no siempre tiene solución analítica y se soluciona con métodos numéricos. En este capítulo estudiaremos esta ecuación únicamente en los casos más sencillos:

· Estática de fluidos,

· Movimiento del fluido como sólido rígido,

· Flujo laminar estacionario de un fluido incompresible ideal no viscoso,

· Flujo laminar estacionario de un fluido incompresible y viscoso.

2. Estática de fluidos. Presión en el seno de un líquido

La Estática de Fluidos estudia el caso en el que el fluido está en una situación de equilibrio estático y sin movimiento. En este caso, sobre un elemento diferencial de fluido sólo actúan el peso y las fuerzas de presión. Como consecuencia, la velocidad y la aceleración de cada partícula fluida son nulas y la ecuación de Navier – Stokes queda de la siguiente forma:

$$0 = \rho \vec{g} - \nabla p \quad \rightarrow \quad \nabla p = \rho \vec{g} \quad \rightarrow \quad \nabla p = -\rho g \vec{k} \tag{1.17}$$

Considerando que la acción de la gravedad coincide con el eje OZ, el gradiente de presiones en el plano horizontal (perpendicular a eje vertical OZ) es nulo. Por tanto, la presión sólo depende de la coordenada z, es decir p = p(z):

$$\frac{\delta p}{\delta x}\vec{i} + \frac{\delta p}{\delta y}\vec{j} + \frac{\delta p}{\delta z}\vec{k} = -\rho g \vec{k} \rightarrow \quad \frac{dp}{dz} = -\rho g \tag{1.18}$$

Al integrar la ecuación anterior consideramos que la densidad ρ del fluido es constante. Consideremos el caso del depósito de fluido de la figura 1.5.

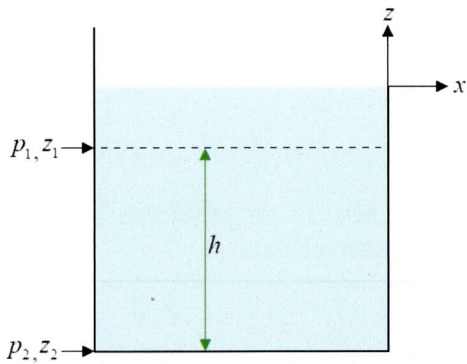

Figura 1.5. Presión en el seno de un fluido.

Se pretende determinar la presión en el fondo del depósito a una profundidad z_2 respecto a la superficie libre de líquido, en función de una presión conocida p_1 a una profundidad z_1:

$$dp = -\rho g\, dz$$

$$\int_{p_1}^{p_2} dp = -\int_{z_1}^{z_2} \rho g dz$$

$$p_2 - p_1 = -\rho g\left(z_2 - z_1\right)$$

$$p_2 = p_1 + \rho g\underbrace{\left(z_1 - z_2\right)}_{h} \qquad \rightarrow \qquad \boxed{p_2 = p_1 + \rho g\, h}$$

Por ejemplo, si la altura $z_1 = -1$ y la altura $z_2 = -4$,

$$p_2 = p_1 + \rho g\left(-1 - \left(-4\right)\right) \qquad p_2 = p_1 + 3\rho g$$

En la expresión anterior hemos tomado como origen de coordenadas la superficie de líquido que está en contacto con el aire y que denominamos superficie libre de líquido. En esta superficie la presión del fluido coincide con la presión atmosférica. En la práctica, la medición de la presión se realiza tomando una referencia. La mayor parte de los instrumentos toman como referencia la presión atmosférica (manómetros). La presión medida de este modo se denomina presión manométrica p_{man}. Por otra parte, los medidores de presión atmosférica miden la presión absoluta y se denominan barómetros.

$$P_{\text{manométrica}} = P_{\text{absoluta}} - P_{\text{atmosférica}} \tag{1.19}$$

En las prácticas de laboratorio se utilizan dos tipos de manómetros: manómetros de esfera y manómetros de agua. En la figura se muestran ambos. En el primer caso la esfera marca directamente la presión y la sensibilidad del manómetro viene dada por el rango que tiene el disco de medición. En el caso de manómetros de agua, la presión se calcula con la expresión $p_2 = p_1 + \rho g h$, donde p_1 es la presión atmosférica (ver figura 1.6).

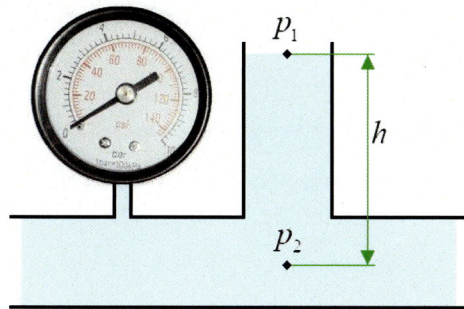

Figura 1.6. Medida de presión.

La unidad de presión en el sistema internacional es el Pascal (Pa). De tal forma que 1 Pa = 1 N/m^2. También suele emplearse el bar (1 bar = 100 kPa), el metro columna de agua (m.c.a.) o el mm de mercurio (mmHg).

La presión atmosférica depende de la altitud y las condiciones climatológicas. Se suele tomar como referencia el valor de 101325 Pa (aproximadamente 1 bar, 10 m.c.a o 760 mmHg).

Para obtener la presión en unidades del sistema internacional basta con aplicar la expresión anterior p_{man} = ρgh. Por ejemplo, una presión de 0.5 m.c.a, equivale a 1000·9.81·0.5= 4905 Pa.

Si decimos que tenemos una presión arterial sistólica de 100 mmHg, para pasar este valor al SI tenemos que ρgh = 13500·9.81·0.1= 13.2 kPa = 0.132 bar (densidad del mercurio ≈ 13500 kg/cm^3).

2.1. Fuerza que soporta una superficie plana sumergida

En la figura 1.7. se muestra una superficie plana en la que una de sus caras está sumergida en un líquido de densidad ρ. Se muestra una sección lateral (a) y una vista de la superficie (b) en la que hemos situado el origen de los ejes coordenados en el centro de gravedad de la superficie sumergida. La profundidad del centro de gravedad de la superficie sumergida es h_{cdg}. La presión atmosférica es p_0.

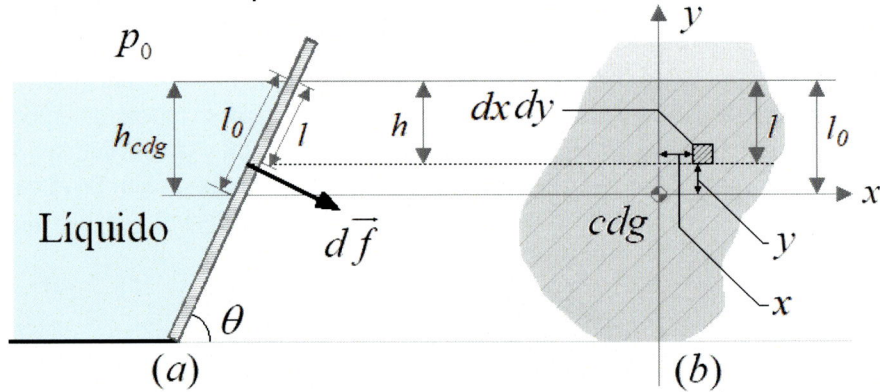

Figura 1.7. Fuerza sobre una placa sumergida.

La fuerza sobre un elemento superficial dxdy de la superficie sumergida que se encuentra a una profundidad h de la superficie libre del líquido es:

$$df = p \cdot dxdy$$

Siendo p la presión, que es función de la profundidad:

$$df = p \cdot dxdy = \left(p_0 + \rho gh \right) dxdy$$

Nótese que el plano XY, contenido en la superficie sumergida, se encuentra inclinado un ángulo θ con respecto a la vertical, como se puede ver en la figura (a). Por tanto:

$$h = l\sin\theta = (l_0 - y)\sin\theta$$

$$df = p\,dxdy = \left(p_0 + \rho g(l_0 - y)\sin\theta\right)dxdy$$

Integramos la expresión para obtener la fuerza total en la superficie:

$$F = \int\left(p_0 + \rho g(l_0 - y)\sin\theta\right)\underbrace{dxdy}_{dS} =$$

$$= \int p_0 dS + \int \rho g l_0 \sin\theta\, dS + \int -\rho g y \sin\theta\, dS =$$

$$= p_0 \int dS + \rho g l_0 \sin\theta \int dS - \rho g \sin\theta \int y\, dS =$$

$$= (p_0 + \rho g l_0 \sin\theta) S - \rho g \sin\theta \int y\, dS$$

Hemos colocado el origen de coordenadas en el centro de gravedad de la superficie sumergida y por tanto la integral de y·dS es igual a 0, dado que sabemos que $y_{cdg} = \frac{1}{S}\int y\,dS$. La fuerza que soporta la superficie sumergida será:

$$F = (p_0 + \rho g l_0 \sin\theta) S = (p_0 + \rho g h_{cdg}) S$$

Dado que la cara exterior de la superficie sumergida está toda ella a una presión atmosférica p_0, la fuerza neta resultante será:

$$F = p_0 S + \rho g h_{cdg} S - p_0 S = \rho g h_{cdg} S = \boxed{p_{cdg} \cdot S} \qquad (1.20)$$

La superficie S es la del área de la superficie plana sumergida, y la fuerza resultante es perpendicular a dicha compuerta.

2.1.1. Ejemplo 1: fuerza sobre una compuerta

Se tiene una compuerta de 2 x 2 m² colocada en la configuración que muestra la figura. Se desea calcular la fuerza que el fluido ejerce sobre la compuerta.

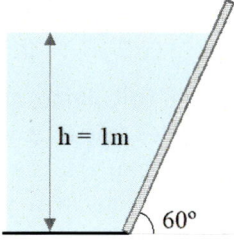

· En primer lugar, calculamos la superficie sumergida S, y posteriormente empleamos la expresión 1.20:

$$S = 2\cdot\left(\frac{1}{\sin 60}\right) = \frac{4}{\sqrt{3}} = \frac{4\sqrt{3}}{3} = 2.31\,m^2$$

$$F = \rho g h_{cdg} S = 1000\cdot 9.81\cdot 0.5\cdot\left(4\sqrt{3}\right)/3 = \boxed{11328N}$$

2.2. Principio de Arquímedes

Podemos aplicar la ecuación anterior para calcular la fuerza o empuje que soporta un cuerpo sumergido. Supongamos un paralelepípedo como el de la figura, cuyas superficies superior e inferior son paralelas a la superficie libre del fluido y se encuentran a profundidades z_1 y z_2.

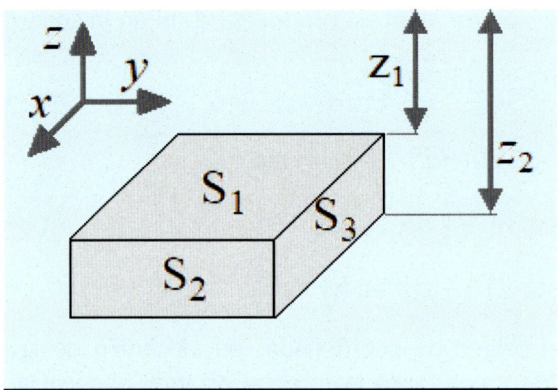

Figura 1.8. Medida de presión.

Las fuerzas sobre las caras del cuerpo son:

$$\overrightarrow{F_1} = -\rho g z_1 S_1 \vec{k} \qquad \text{(cara superior)}$$

$$\overrightarrow{F_1}' = +\rho g z_2 S_1 \vec{k} \qquad \text{(cara inferior)}$$

$$\overrightarrow{F_2} = -\rho g \frac{z_1 + z_2}{2} S_2 \vec{i} \qquad \text{(cara vista)}$$

$$\overrightarrow{F_2}' = \rho g \frac{z_1 + z_2}{2} S_2 \vec{i} \qquad \text{(cara oculta)}$$

$$\overrightarrow{F_3} = -\rho g \frac{z_1 + z_2}{2} S_3 \vec{j} \qquad \text{(cara vista)}$$

$$\overrightarrow{F_3}' = \rho g \frac{z_1 + z_2}{2} S_3 \vec{j} \qquad \text{(cara oculta)}$$

Ahora calculamos la resultante. Nótese que la resultante de las fuerzas laterales (ejes x e y) es nula. Sin embargo, la resultante en el eje vertical no es nula y su valor es lo que denominamos el empuje. Este empuje es una fuerza vertical y hacia arriba que es igual al peso del volumen de líquido desalojado por el cuerpo.

$$\vec{F}_T = \vec{F}_1 + \vec{F}_1' = \rho g S_1 (z_2 - z_1) \vec{k} \qquad (1.21)$$

2.3. Determinación del centro de presiones

Denominamos centro de presiones (cdp) al punto de aplicación de la resultante de las fuerzas de presión que soporta la superficie sumergida. Es decir, se trata de un punto en el cual una única fuerza de valor $\vec{F}$ tiene el mismo efecto sobre la superficie que la distribución de presiones.

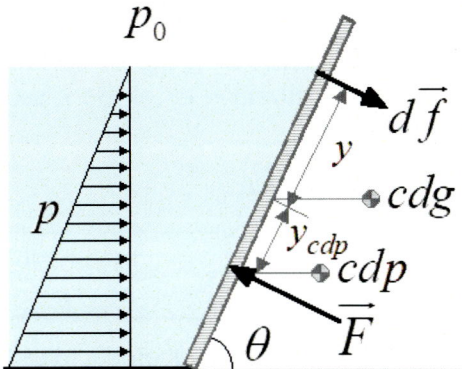

Figura 1.9. Ilustración del centro de presiones (cdp).

Para determinar este punto, situamos la resultante $\vec{F}$ en dicho punto, de manera que equilibre las fuerzas producidas por la presión p (ver imagen).

Recordemos que el equilibrio mecánico se da cuando se cumplen dos condiciones:

· La suma de todas las fuerzas F_i es igual a cero.

· La suma de los momentos M_i con respecto a cualquier punto es igual a cero.

La primera condición ya la hemos utilizado para determinar el valor de $\vec{F}$.

A continuación, utilizaremos la segunda condición para determinar la localización del centro de presiones. Para ello calculamos el momento de todas las fuerzas infinitesimales respecto al centro de gravedad de la superficie sumergida:

$$F \cdot y_{cdp} = \int y\,df$$
$$F \cdot y_{cdp} = \int y\left(p_0 + \rho g\left(l_0 - y\right)\sin\theta\right)dxdy =$$
$$= p_0 \int y\,dxdy + \rho g l_0 \sin\theta \int y\,dxdy - \rho g \sin\theta \int y^2\,dxdy$$

Recordemos que, al colocar el origen de coordenadas en el centro de gravedad de la superficie sumergida, la integral de y·dS (o y·dxdy) es igual a cero.

$$F \cdot y_{cdp} = -\rho g \sin\theta \int y^2\, dxdy$$

$$y_{cdp} = \frac{-\rho g \sin\theta \int y^2 dxdy}{F} \quad \rightarrow \quad \boxed{y_{cdp} = \frac{-\rho g\, I_{yy} \sin\theta}{F}} \tag{1.22}$$

Nótese que la integral de $y^2 \cdot dxdy$ es el momento de inercia (I_{yy}) de la superficie sumergida respecto a un eje que pasa por el centro de gravedad de la superficie sumergida. Obsérvese que el signo menos (-) indica que el centro de presiones está debajo del centro de gravedad de la superficie sumergida. Si queremos determinar la localización en el eje x del centro de presiones realizamos la misma operación:

$$F \cdot x_{cdp} = \int x df = -\rho g \sin\theta \int xy\, dxdy$$

$$x_{cdp} = \frac{-\rho g \sin\theta \int xy dxdy}{F} \quad \rightarrow \quad \boxed{x_{cdp} = \frac{-\rho g\, I_{xy} \sin\theta}{F}} \tag{1.23}$$

Si la compuerta tiene un eje de simetría, el producto de inercia I_{xy} es cero. En tal caso la coordenada x del cdp estará contenido en dicho eje.

2.3.1. Ejemplo 2: centro de presiones

Continuando con el ejemplo 1, se desea conocer la localización del centro de presiones en dicho caso.

· En el ejemplo 1 calculamos la resultante $\vec{F}$, cuyo valor es 11328 N. Para determinar el cdp empleamos las expresiones (1.22) y (1.23). Dado que la compuerta tiene eje de simetría, $x_{cdp} = 0$.

$$x_{cdp} = \left(-\rho g\, I_{xy} \sin\theta\right)\big/F = 0$$

$$y_{cdp} = \frac{-\rho g \sin\theta\, I_{yy}}{F} = \frac{-1000 \cdot 9.81\left(\sqrt{3}/2\right)}{11328}\, I_{yy} = -0.75 I_{yy}$$

· El momento de inercia respecto al eje OY que pasa por el cdg, para un rectángulo es $1/12\, ab^3$. Por tanto:

$$y_{cdp} = -0.75 I_{yy} = -0.75\frac{1}{12}ab^3 = -0.75\frac{1}{6}\left(\frac{1}{\sin 60}\right)^3 = -0.1925m$$

· Recordemos que y_{cdp} está calculado tomando como referencia los ejes cuyo origen es el cdg de placa. El cdp está 0.1925 m bajo el centro de gravedad.

2.3.2. Ejemplo 3: equilibrio de una compuerta

La figura muestra una compuerta cuadrada AB (2 x 2 m²) que está articulada en A y tiene una masa 600 kg. En las condiciones representadas en la figura, determine:

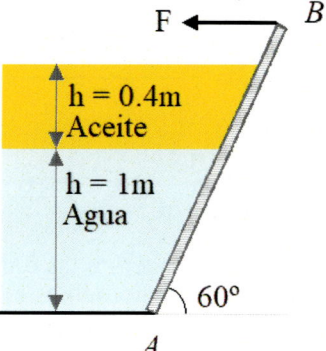

a) La fuerza F horizontal que es necesario aplicar en B para que el equilibrio mostrado se mantenga,

b) Las reacciones en la articulación A.

(Nota: considerar la densidad relativa del aceite = 0.92)

· Para abordar este problema, calculamos en primer lugar la fuerza que ejerce cada fluido sobre la compuerta y su punto de aplicación. Dado que la compuerta es simétrica, sabemos que $x_{cdp} = 0$.

· Fuerza del aceite sobre la compuerta:

$$F_1 = \rho g h_{cdg} S = 920 \cdot 9.81 \cdot 0.2 \cdot \left(\frac{0.4}{\sin 60} \cdot 2 \right) = 1667.42 \, N$$

· Centro de presiones (cdp) y distancia de la articulación al centro de presiones (y_1):

$$y_{cdp} = \frac{-\rho g \sin\theta \, I_{yy}}{F} = -\frac{920 \cdot 9.81 \cdot \sin 60 \cdot \left(\frac{1}{12} \cdot 2 \cdot \left(\frac{0.4}{\sin 60} \right)^3 \right)}{1667.42} =$$

$$= -0.07698 \, m$$

$$y_1 = \frac{1}{\sin 60} + \frac{0.2}{\sin 60} - 0.07698 = 1.3087 \, m$$

· Fuerza del agua sobre la compuerta y punto de aplicación. Para calcular la presión en el centro de gravedad de la compuerta sumergida en el agua hay que tener en cuenta el peso del aceite. Por tanto:

$$F_2 = p_{cdg} \cdot S = \left(\rho_{aceite} g h_{aceite} + \rho_{agua} g h_{cdg} \right) \cdot \left(\frac{1}{\sin 60} \cdot 2 \right) =$$

$$= 9.81 \left(920 \cdot 0.4 + 1000 \cdot 0.5 \right) \cdot \left(\frac{1}{\sin 60} \cdot 2 \right) = 19664.72 N$$

- Centro de presión y distancia de la articulación al centro de presiones:

$$y_{cdp} = -\frac{1000 \cdot 9.81 \cdot \sin 60 \cdot \left(\dfrac{1}{12} \cdot 2 \cdot \left(\dfrac{1}{\sin 60}\right)^3\right)}{19664.7} = -0.11086\,m$$

$$y_2 = \frac{0.5}{\sin 60} - 0.11086 = 0.46649\,m$$

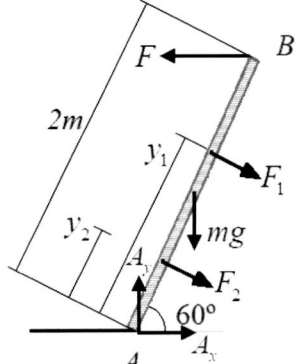

- Una vez conocemos las fuerzas que actúan y su localización, dibujamos el diagrama del sólido libre y aplicamos las ecuaciones de equilibrio.

- Primero aplicamos el equilibrio de momentos. En este caso recordemos la expresión del momento de una fuerza respecto a un punto O.

$$M_O = \vec{r} \times \vec{F} = r\,F \sin(\theta)\vec{u}$$

- En esta expresión el vector de posición r va desde el punto O al punto donde está situada la fuerza F. Y el vector unitario u, es perpendicular a la fuerza y al vector de posición, el sentido de este vector unitario lo indica el sentido del tornillo al girar el vector r sobre la fuerza F.

- Aplicamos momentos respecto la articulación A:

$$F_1 y_1\left(-\vec{k}\right) + F_2 y_2\left(-\vec{k}\right) + mg\frac{2}{2}\sin 30\left(-\vec{k}\right) + F \cdot 2\sin 60\left(\vec{k}\right) = 0$$

$$F = \frac{F_1 y_1 + F_2 y_2 + mg\sin 30}{2\sin 60} =$$

$$= \frac{1667.42 \cdot 1.3087 + 19664.72 \cdot 0.46649 + 600 \cdot 9.81 \sin 30}{2\sin 60} =$$

$$\boxed{F = 8255.26\,N}$$

- Ahora utilizamos las ecuaciones de equilibrio de fuerzas:

$$\sum F_x = 0 \quad A_x + F_1 sen60 + F_2 sen60 - F = 0 \qquad \boxed{A_x = -10218.93\,N}$$

$$\sum F_y = 0 \quad A_y - mg - F_1\cos 60 - F_2\cos 60 = 0 \qquad \boxed{A_y = 16552.08\,N}$$

- La fuerza F a aplicar en B para mantener el equilibrio será F = <u>8255.26 N</u> y las reacciones en la articulación serán A_x = <u>- 10218.9 N</u> y A_y = <u>16552.1 N</u>.

3. Movimiento del fluido como sólido rígido

En este caso consideramos aquellas situaciones en las que el recipiente que contiene el fluido tiene una aceleración constante y la situación es estacionaria. En el desarrollo de este caso, el fluido considerado es incompresible y soporta la aceleración de la gravedad y la aceleración del recipiente. El fluido se halla en un equilibrio dinámico en el que no hay esfuerzos viscosos, el fluido no se mueve respecto a su contenedor, sino que permanece solidario a él. En este caso, la ecuación de Navier – Stokes queda del siguiente modo:

$$\rho\vec{a} = \rho\vec{g} - \nabla p \rightarrow \quad \nabla p = \rho\left(\vec{g} - \vec{a}\right) \tag{1.23}$$

Estudiaremos los dos casos más comunes en la práctica; el movimiento de traslación y el de rotación.

3.1. Movimiento de traslación

Cuando el recipiente que contiene el fluido tiene un movimiento de traslación con una aceleración constante, el fluido está sometido a una "gravedad modificada". Esta nueva aceleración, que denominaremos g_n, es la suma vectorial de la gravedad g y la aceleración -a. En el caso de traslación en un plano horizontal, la gravedad g y la aceleración a son perpendiculares. Cuando el fluido está en reposo la superficie libre del líquido es perpendicular a la aceleración de la gravedad. Del mismo modo, en este caso, la superficie libre del fluido será perpendicular a la dirección de la aceleración resultante (vector $\vec{g}_n$). Consideremos el caso del camión de la figura 1.9.

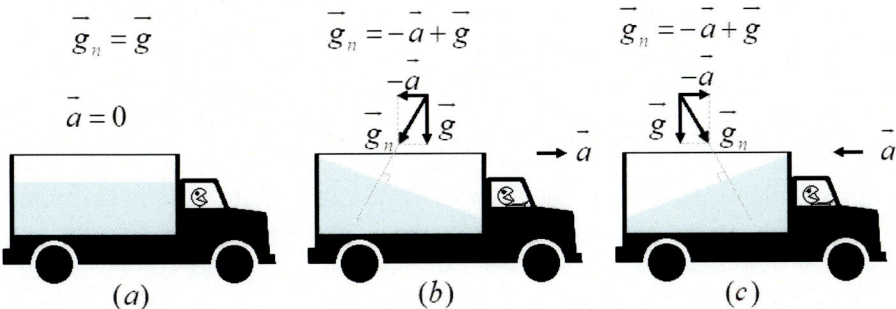

Figura 1.9. Composición de aceleraciones en un vehículo en movimiento.

Cuando el camión está quieto (caso *a*), la superficie libre es horizontal y perpendicular al vector aceleración de la gravedad. Cuando el camión se mueve con una aceleración constante $\vec{a}$, la superficie libre pasa a ser perpendicular a la aceleración resultante $\vec{g}_n$, que es la suma vectorial de $\vec{g}$ y

$-\vec{a}$ (reacción del fluido a la aceleración $\vec{a}$). El conductor deberá tener cuidado con las aceleraciones (caso b) y las frenadas (caso c) para que el valioso fluido no se desborde y se desperdicie.

Como se observa en las figuras b y c, la zona del líquido opuesta al movimiento se levanta. En el esquema de la figura 1.10. se comprueba que el ángulo de inclinación de la superficie libre del líquido respecto al plano horizontal es igual al ángulo entre los vectores $\vec{g}$ y $\vec{g}_n$.

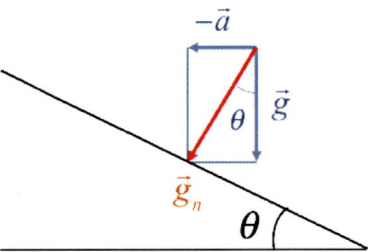

Figura 1.10. Ángulo de inclinación de la superficie libre.

Fácilmente podemos determinar la tangente de este ángulo:

$$\tan \theta = \frac{a}{g} \tag{1.24}$$

Otro caso de interés sería el movimiento de traslación en un plano inclinado. En este caso, la aceleración del vehículo tiene la dirección del plano inclinado y habría que descomponer este vector según las direcciones horizontal (a_x) y vertical (a_y). Dependiendo si el vehículo sube o baja la componente vertical de la aceleración tiene el mismo o sentido contrario a la gravedad (ver figura 1.11.). El ángulo que forma la superficie libre de líquido con la horizontal se determinaría con la ecuación 1.24. Nótese que el denominador es (g – a_y) si el movimiento es descendente y (g + a_y) si es ascendente (figura 1.11).

$$\tan \theta = \frac{a_x}{g \pm a_y} \tag{1.25}$$

Si el movimiento fuera vertical, la aceleración resultante tendría la misma dirección que la gravedad y el ángulo de inclinación es nulo, es decir la superficie libre del líquido es horizontal. Sin embargo, la presión en el seno del fluido estaría modificada en función de la "nueva gravedad". Si el movimiento del recipiente que contiene el líquido fuera ascendente la presión en el fondo del recipiente sería g + a. Sin embargo, si el movimiento fuera descendente la presión en el fondo del depósito sería g – a. Por esta razón cuando arranca un ascensor tenemos la sensación de "volar" cuando baja, y de estar pegados al piso cuando empieza a subir.

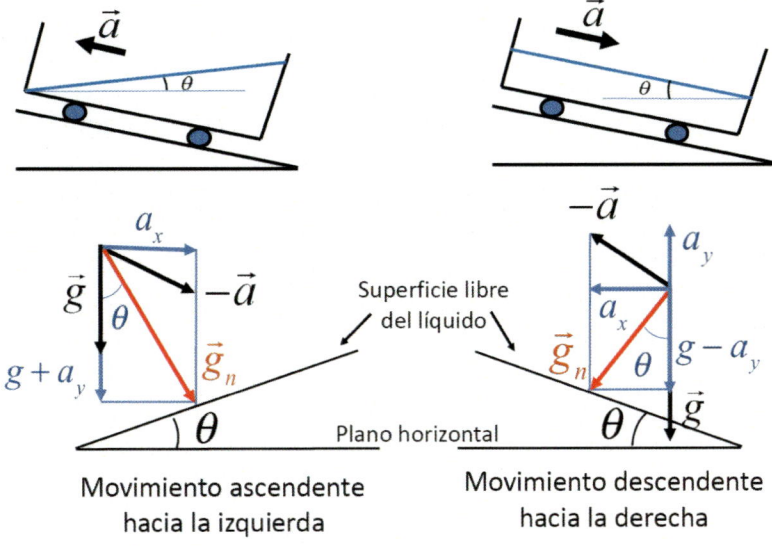

Movimiento ascendente hacia la izquierda

Movimiento descendente hacia la derecha

Figura 1.11. Ángulo de inclinación de la superficie libre.

3.1.1. Ejemplo 4: cálculo del límite de desbordamiento

Un veloz conductor transporta un contenedor de agua abierto en su parte superior. El contenedor tiene unas dimensiones de 6m de largo y 1m de alto. Inicialmente, en reposo, el agua se encuentra a una altura de 0.7 m respecto a la base del depósito.

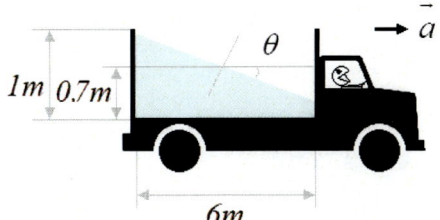

a) ¿Cuál es el límite de aceleración del vehículo para evitar desbordamiento?

b) Si la aceleración fuera de 7 m/s², ¿qué porcentaje de líquido se desborda?

c) Calcular para los dos casos cual es la presión máxima en el depósito.

· a) Para que no desborde el fluido, como máximo la superficie libre puede subir 0.3 m sobre la situación inicial en algún extremo del contenedor. Hallamos el ángulo de la superficie libre del fluido respecto a la horizontal:

$$\tan\theta = (0.3/3) = 0.1 \quad \rightarrow \quad \theta = 5.71°$$

· Utilizamos la expresión (1.25) que relaciona la aceleración del depósito con el ángulo de inclinación del fluido. Dado que se trata de movimiento en un plano horizontal, la aceleración a solo tiene componente x, y $a_y = 0$:

$$\tan\theta = \frac{a_x}{g \pm a_y} = \frac{a}{9.81} = 0.1 \quad \rightarrow \quad a = 0.981 \ m/s^2$$

- b) Si la aceleración fuera de 7 m/s², el ángulo de inclinación será (1.25):

$$\tan\theta = (7/9.81) = 0.7136 \ \rightarrow \ \theta = 35.51°$$

- La longitud horizontal mojada x será:

$$\tan\theta = \frac{1}{x} \ \rightarrow \ x = \frac{1}{\tan\theta} = 1.40 \ m$$

- El volumen de líquido desbordado será, siendo *d* el ancho del depósito:

$$\%\text{Fluido desbordado} = 100\frac{0.7 \times 6 \times d - 0.5 \times 1.4 \times d}{0.7 \times 6 \times d} = 83.3\%$$

- El conductor probablemente perderá su trabajo. El conocimiento del movimiento del fluido como sólido rígido le hubiera resultado muy útil.

- c) Nótese que, para las dos aceleraciones consideradas, la presión máxima será en el fondo del depósito y donde el fluido alcanza su máxima altura (1m):

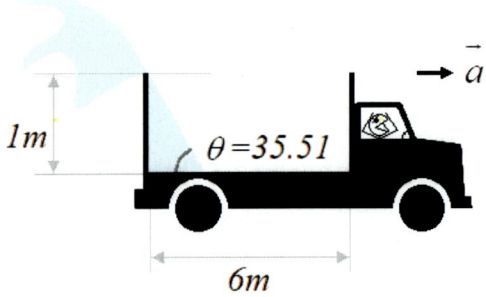

$$p(man) = \rho gh = 1000 \cdot 9.81 \cdot 1 = \boxed{9810Pa}$$

3.1.2. Ejemplo 5: movimiento de fluido en plano inclinado

En la figura se muestra un depósito de 100 cm de largo que contiene agua y se mueve con aceleración constante a lo largo de la pendiente. Determinar, para el instante representado:

a) El sentido del movimiento y la aceleración que experimenta el carrito.

b) La presión máxima que se produje en el fondo del depósito.

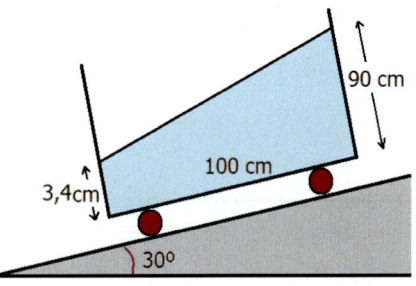

· El sentido del movimiento es hacia la izquierda dado que la elevación del líquido es mayor en la derecha. Es decir, el carrito está bajando por el plano inclinado. La dirección de la aceleración es paralela al plano inclinado, por ello las componentes de la aceleración son $a_x=a\cdot\cos\alpha$ y $a_y=a\cdot\sin\alpha$. Por tanto (1.25.):

$$\tan\theta = \frac{a_x}{g-a_y} = \frac{a\cos\alpha}{g-a\sin\alpha}$$

· El ángulo θ es el ángulo entre la superficie libre del fluido y la horizontal, y el ángulo α es el ángulo que forma la horizontal con el plano inclinado (30º).

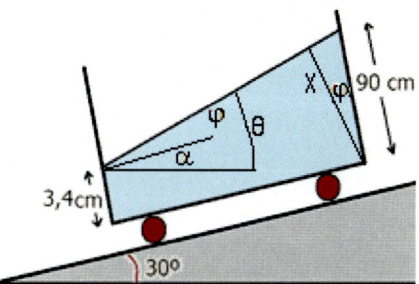

· En la figura de la derecha se comprueba que $\theta = \alpha + \varphi$, siendo el ángulo φ es el que forma el plano inclinado con la superficie libre de líquido. Por tanto:

$$\varphi = \tan^{-1}\left(\frac{90-3.4}{100}\right) = 40.89º \rightarrow \qquad \theta = \varphi + \alpha = 70.89º$$

$$\tan 70.89 = \frac{a\cos 30}{9.81-a\sin 30} \rightarrow \quad a = \frac{9.81}{\sin 30 + \dfrac{\cos 30}{\tan 70.89}} = 12.24 \ m/s^2$$

· b) La presión máxima estará en la máxima profundidad medida en la línea perpendicular a la superficie libre. Esta distancia la denominamos X. Ahora debemos calcular el módulo de la aceleración g_n a la que está sometida el fluido y la profundidad X:

$$g_n = \sqrt{(g-a_y)^2 + a_x^2} = \sqrt{(9.81-12.24\sin 30)^2 + (12.24\cos 30)^2} =$$
$$= 11.22 \ m/s^2$$

$$X = 90\cos\varphi = 68.04\,cm$$

· Finalmente calculamos la presión manométrica:

$$p = \rho g_n X = 1000\cdot 11.22\cdot 0.6804 = \boxed{7634.1 \ Pa}$$

3.2. Movimiento de rotación

Para estudiar este caso, suponemos un depósito cilíndrico de radio R que contiene un líquido hasta una altura H (ver figura 1.12. *a*). Si el recipiente gira en torno a su eje de revolución con una velocidad angular constante ω, la situación de la superficie libre del depósito será la mostrada en la figura (b).

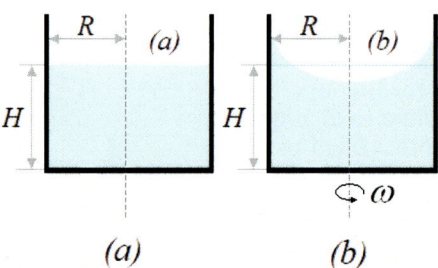

Figura 1.12. Movimiento de un fluido sometido a rotación.

Como ya se indicó al comienzo de este apartado, el líquido se mueve solidario al recipiente y cada elemento diferencial de fluido soporta la aceleración de la gravedad y la aceleración producida por el giro, que en este caso es la aceleración normal. La aceleración normal tiene la dirección del radio en coordenadas cilíndricas y su sentido es hacia el eje de giro:

$$\vec{a}_n = -\frac{v^2}{r}\vec{u}_r = -\frac{\omega^2 r^2}{r}\vec{u}_r = -\omega^2 r\,\vec{u}_r$$

La expresión de Navier – Stokes quedaría:

$$\nabla p = \rho(\vec{g}-\vec{a}) = \rho\left(-g\vec{u}_z + \omega^2\,r\,\vec{u}_r\right)$$

Ahora desarrollamos el gradiente de la presión en coordenadas cilíndricas:

$$\nabla p = \frac{\delta p}{\delta r}\vec{u}_r + \frac{\delta p}{\delta z}\vec{u}_z + \frac{1}{r}\frac{\delta p}{\delta u}\vec{u}_u = \rho\omega^2\,r\,\vec{u}_r - \rho g\vec{u}_z$$

Integramos cada componente del gradiente:

$$\frac{\delta p}{\delta r}\vec{u}_r = +\rho\omega^2\,r\,\vec{u}_r \quad\rightarrow\quad dp = \rho\omega^2\int r\,dr \rightarrow \quad p = \rho\omega^2\frac{r^2}{2}+C_1$$

$$\frac{\delta p}{\delta z}\vec{u}_z = -\rho g\vec{u}_z \quad\rightarrow\quad dp = -\rho g\int dz \rightarrow \quad p = -\rho g z + C_2$$

$$p = \rho\omega^2\frac{r^2}{2}-\rho g z + C$$

Situamos el origen de los ejes coordenados en el punto de la superficie del líquido que está el eje de revolución. Para r = 0 y z = 0 la presión en la superficie libre del líquido es p_0. Sustituyendo los valores de r y z en el origen, obtenemos la constante de integración, C = p_0. Finalmente, para este caso, la expresión de la presión en el seno del fluido será:

$$p = p_0 + \rho\omega^2 \frac{r^2}{2} - \rho gz$$ (1.26)

La ecuación de la superficie libre del líquido es un paraboloide, cuyo eje es el eje de revolución. Esta ecuación se determina escogiendo un punto cualquiera de la superficie, coordenadas genéricas r y z, que está a una presión p_0:

$$p_0 = p_0 + \rho\omega^2 \frac{r^2}{2} - \rho gz$$

Despejando z, tenemos:

$$z = \frac{\omega^2 r^2}{2g}$$ (1.27)

Se trata de la ecuación de una parábola. Como es de revolución, recibe el nombre de paraboloide. El punto más alto del fluido corresponde para r = R, es decir $h = (\omega^2 R^2)/2g$. Por otra parte, como el volumen de un paraboloide es la mitad del cilindro que lo contiene, el líquido subirá $h/2 = (\omega^2 R^2)/4g$ sobre el nivel horizontal original. Esto ocurre si el volumen de líquido permanece constante, es decir, si no hay desbordamiento. En otras palabras, la máxima distancia entre el punto más alto y más bajo del fluido se divide en dos partes iguales sobre la línea inicial de la superficie libre.

3.2.1. Ejemplo 6: movimiento de fluido en rotación

Se dispone de un recipiente que contiene un líquido de densidad 1010 kg/m³. El recipiente tiene 6 cm de diámetro y 10 cm de alto. Al inicio, el fluido se encuentra a una altura de 7 cm. Se desea calcular la velocidad angular máxima para que no se produzca desbordamiento.

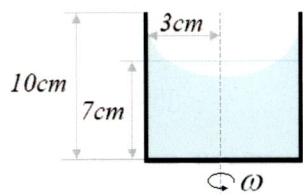

· Para que el fluido llegue hasta el borde, tendrá que subir 3 cm. La altura máxima del paraboloide es, por tanto, de 6 cm:

$$h = \frac{\omega^2 R^2}{2g} \qquad 0.06 = \frac{0.03^2}{2 \cdot 9.81}\omega^2 \qquad \rightarrow \qquad \boxed{\omega = 36.166 \ rad/s}$$

3.2.2. Ejemplo 7: fluido en rotación en una tubería

El sistema de tubos de la figura contiene agua y gira en torno al eje marcado por la línea discontinua.

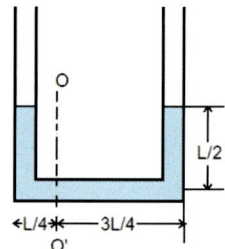

a) Determine el nivel del agua en cada tubo para las siguientes velocidades angulares: w = 100 rpm y 250 rpm.

b) ¿Cuál será la presión máxima en el interior del líquido en cada caso? L = 10 cm.

- Al girar alrededor del eje de la figura, la superficie libre del fluido en el lado más distante subirá más alto que el más cercano al eje de revolución. Supongamos que tenemos la situación mostrada en la figura. Para esta situación, calculamos z_1, z_2, para ello utilizamos la ecuación de la parábola que representa los puntos que tienen la misma presión y que en este caso corresponden con los puntos de la superficie. Para w= 100 rpm:

$$z_1 = \frac{\omega^2 r_1^2}{2g} = \left(100\frac{2\pi}{60}\right)^2 \frac{(0.1/4)^2}{2\cdot 9.81} = 0.0035 \ m$$

$$z_2 = \frac{\omega^2 r_2^2}{2g} = \left(100\frac{2\pi}{60}\right)^2 \frac{(0.3/4)^2}{2\cdot 9.81} = 0.0314 \ m$$

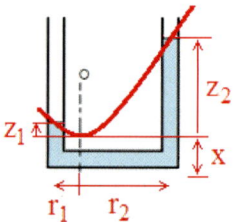

- Además, aplicamos la ecuación de conservación de la masa, asumimos que la tubería es lo suficientemente fina como para considerar que la masa se conserva en tramos lineales. La longitud total inicial deberá ser igual a la longitud total final.

$$\underbrace{\frac{L}{2}+\frac{L}{4}+3\frac{L}{4}+\frac{L}{2}}_{\text{Longitud inicial}} = 2L = L + z_1 + z_2 + 2x \qquad \rightarrow \qquad x = 0.0325\, m$$

- Las alturas de cada lado de sistema de tubos son:

$$h_1 = 0.0035 + 0.0325 \quad = \quad \boxed{3.6 \ cm}$$

$$h_2 = 0.0314 + 0.0325 \quad = \quad \boxed{6.4 \ cm}$$

- La presión manométrica máxima será la correspondiente a la máxima altura

$$p(man) = \rho g h_{max} = \rho g h_2 = \boxed{628\, Pa}$$

- Repetimos el proceso para w = 250 rpm:

$$z_1 = \left(250\frac{2\pi}{60}\right)^2 \frac{(0.1/4)^2}{2 \cdot 9.81} = 0.022 \ m$$

$$z_2 = \left(250\frac{2\pi}{60}\right)^2 \frac{(0.3/4)^2}{2 \cdot 9.81} = 0.196 \ m$$

$$0.2 = 0.1 + 0.022 + 0.196 + 2x \ \rightarrow \quad x = -0.059 \, m$$

- Obtenemos un valor negativo para x, y esto implica que la velocidad angular es lo suficientemente elevada como para vaciar parte del tubo. Por ello, suponemos que los niveles de líquido son los de la nueva figura.

- La nueva ecuación de conservación de la masa será la siguiente:

$$z_2 - z_1 + r_2 - r_1 = 2L$$

- Poniendo z_1 y z_2 en función de la velocidad angular, tenemos:

$$\frac{\omega^2 r_2^2}{2g} - \frac{\omega^2 r_1^2}{2g} + r_2 - r_1 = 2L$$

- Como $r_2 = 3L/4$, sustituyendo obtenemos una ecuación en función de r_1,

$$34.93 r_1^2 + r_1 - 0.0715 = 0$$

- Esta ecuación de segundo grado tiene por resultado $r_1 = 3.31$ cm (adoptamos la solución positiva). El valor de h_2 se calcula a partir de la geometría dada por la figura:

$$h_2 = 2L - (r_2 - r_1) \rightarrow \quad h_2 = 0.2 - (0.3/4 - 0.0331) = \boxed{0.1581 m}$$

- La presión máxima será la correspondiente a la máxima altura:

$$p(man) = \rho g h_{max} = \rho g h_2 = \boxed{1551 Pa}$$

4. Aplicación de la ecuación de Navier-Stokes a un flujo laminar y estacionario de fluido incompresible no viscoso. Ecuación de Bernoulli

En un fluido no viscoso, el término viscoso es omitido. Además, el perfil de velocidades no es modificado por esta causa por lo que el rotacional de la velocidad es nulo. En este caso, la ecuación de Navier-Stokes es:

$$\rho \vec{a} = \rho \vec{g} - \nabla p$$

La aceleración es la derivada de la velocidad con respecto al tiempo, por tanto:

$$\vec{a} = \frac{d\vec{v}}{dt} = \frac{\delta \vec{v}}{\delta x}\frac{\delta x}{\delta t} + \frac{\delta \vec{v}}{\delta y}\frac{\delta y}{\delta t} + \frac{\delta \vec{v}}{\delta z}\frac{\delta z}{\delta t} + \frac{\delta \vec{v}}{\delta t}$$

Al tratarse de un flujo estacionario, la derivada parcial de la velocidad respecto el tiempo será nula. Sin embargo, cada punto de fluido puede tener una velocidad diferente y por tanto la derivada espacial de la velocidad no siempre es nula.

$$\vec{a} = v_x \frac{\delta \vec{v}}{\delta x} + v_y \frac{\delta \vec{v}}{\delta y} + v_z \frac{\delta \vec{v}}{\delta z} = (\vec{v} \cdot \nabla)\vec{v}$$

Ahora emplearemos la identidad vectorial del gradiente de un producto escalar de dos vectores: ∇ (A·B), que en este caso son dos vectores iguales (ver identidad vectorial del Anexo).

$$\nabla v^2 = 2\vec{v} \cdot rot(\vec{v}) + 2(\vec{v} \cdot \nabla)\vec{v}$$

Dado que el flujo es irrotacional, $\nabla v^2 = 2(\vec{v} \cdot \nabla)\vec{v}$. Por otra parte, podemos expresar el término de energía potencial como: $\rho g = -\nabla(\rho g z)$. Sustituyendo $\vec{a}$ y $\rho \vec{g}$ en la expresión de Navier – Stokes tenemos:

$$\rho \nabla \left(\frac{v^2}{2}\right) = -\nabla p - \nabla(\rho g z) \quad \rightarrow \quad \nabla \left(\frac{\rho v^2}{2} + p + \rho g z\right) = 0$$

Para tener la ecuación en términos de altura, dividimos por ρg, y obtenemos la ecuación de Bernoulli:

$$\boxed{\frac{v^2}{2g} + \frac{p}{\rho g} + z = cte} \qquad (1.28)$$

4.1. Tubo de Pitot

El tubo de Pitot es un instrumento para medir la velocidad de un fluido. Se muestra el caso correspondiente a la medición de velocidad en una tubería que transporta un fluido líquido. El tubo de Pitot es el conducto acodado a 90°, el fluido entra en él y sube hasta una altura h_2, esta altura se mantiene constante en el estado estacionario, es decir mientras no haya variaciones de caudal. En el punto 1, el líquido se mueve con una velocidad v. En el punto 2 el líquido está estancado y su velocidad es cero.

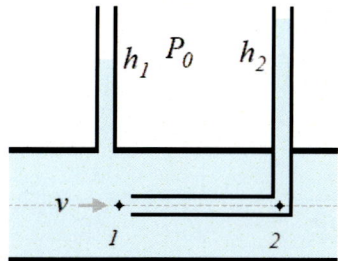

Figura 1.13. Tubo de Pitot.

Aplicando Bernoulli entre 1 y 2 que pertenecen a la misma línea de corriente, obtenemos la velocidad del punto 1 a partir de la diferencia de alturas:

$$\frac{v_1^2}{2g}+\frac{p_1}{\rho g}+\cancel{z_1} = \cancel{\frac{v_2^2}{2g}} +\frac{p_2}{\rho g}+\cancel{z_2}$$

$$\frac{v_1^2}{2g}+\left(P_0 + h_1\right)=\left(P_0 + h_2\right) \rightarrow \boxed{v_1 = \sqrt{2g\left(h_2 - h_1\right)}} \tag{1.29}$$

Este dispositivo se utiliza para medir la velocidad en tuberías, y en otras configuraciones similares, para medir la velocidad en aeronaves, y otras aplicaciones industriales.

4.2. Aplicación de la ecuación de Bernoulli

4.2.1. Ejemplo 8: caso de estrechamiento

En el estrechamiento representado en la figura fluye agua. La velocidad del fluido en la sección *a* es de 1 m/s y su presión manométrica es 1 m.c.a. Determine la presión y la velocidad del fluido en el estrechamiento. En la sección *a* el diámetro es de 1 m y en la sección b el diámetro es 0.5 m. La tubería es horizontal.

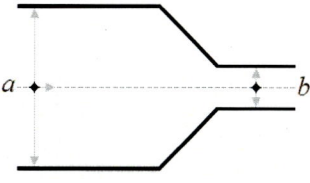

- Aplicamos Bernoulli y la ecuación de continuidad (conservación del flujo másico) entre *a* y b. Como la tubería es horizontal $z_a = z_b$:

$$\frac{v_a^2}{2g}+\frac{p_a}{\rho g}+\cancel{z_a} = \frac{v_b^2}{2g}+\frac{p_b}{\rho g}+\cancel{z_b} \rightarrow \quad \frac{v_a^2}{2g}+\frac{p_a}{\rho g}=\frac{v_b^2}{2g}+\frac{p_b}{\rho g}$$

$$\dot{m}_a = \dot{m}_b \qquad \rightarrow \qquad v_a S_a = v_b S_b$$

- Operamos el sistema de ecuaciones:

$$v_a S_a = v_b S_b \quad \rightarrow \quad 1\frac{\pi (1)^2}{4} = v_b \frac{\pi (0.5)^2}{4} \quad \rightarrow \quad \boxed{v_b = 4\, m/s}$$

$$\frac{v_a^2}{2g} + \frac{p_a}{\rho g} = \frac{v_b^2}{2g} + \frac{p_b}{\rho g} \quad \rightarrow \quad \frac{1}{2g} + 1 = \frac{4^2}{2g} + p_b$$

$$\rightarrow p_b = 0.24\, m.c.a. = \boxed{2.35\, kPa}$$

- Como podemos observar, la velocidad aumenta y la presión disminuye.

4.2.2. Ejemplo 9: caso de bifurcación I

Se tiene la siguiente bifurcación, se desea conocer cómo se comporta el fluido a través de ella. En la sección a el diámetro es de 1 m, en la sección b es de 0.3 m y en la sección c es de 0.6 m. La velocidad del fluido en la sección a es de 1 m/s y su presión manométrica es 3 m.c.a. La altura de las secciones es: $z_a = z_b = 1m$ y $z_c = 0$.

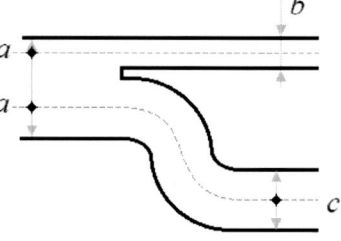

El punto b es una descarga al exterior. El fluido que circula por la tubería es agua. Calcular la presión y la velocidad en el punto b y en el punto c.

- Consideramos flujo ideal, es decir todos los puntos de la sección a tienen la misma velocidad. Usamos Bernoulli entre a, b y a, c y la ecuación de continuidad (conservación del flujo másico) entre a, b y c.

- Bernoulli a-b:

$$\frac{v_a^2}{2g} + \frac{p_a}{\rho g} + \cancel{z_a} = \frac{v_b^2}{2g} + \cancel{\frac{p_b}{\rho g}} + \cancel{z_b} \quad \rightarrow \quad \frac{1}{2g} + 3 = \frac{v_b^2}{2g}$$

- Bernoulli a-c:

$$\frac{v_a^2}{2g} + \frac{p_a}{\rho g} + z_a = \frac{v_c^2}{2g} + \frac{p_c}{\rho g} + z_c \quad \rightarrow \quad \frac{1}{2g} + 3 + 1 = \frac{v_c^2}{2g} + p_c$$

- Continuidad:

$$v_a S_a = v_b S_b + v_c S_c \quad \rightarrow \quad v_a (1)^2 = v_b (0.3)^2 + v_c (0.6)^2$$

- Operamos el sistema de ecuaciones:

$$3.051 = \frac{v_b^2}{19.62} \qquad \rightarrow \qquad \boxed{v_b = 7.74 \, m/s}$$

$$1 = 0.09 v_b + 0.36 v_c \qquad \rightarrow \qquad \boxed{v_c = 0.84 \, m/s}$$

$$4.051 = \frac{v_c^2}{19.62} + p_c \qquad \rightarrow \qquad \boxed{p_c = 4.02 \, m.c.a}$$

4.2.3. Ejemplo 10: caso de bifurcación II

Por el accesorio mostrado en la figura (que se encuentra situado en un plano horizontal) entra agua a través de una tubería con un caudal $Q_1 = 72 \, m^3/h$ y desagua al aire por la sección 3. Sabiendo que la presión en la sección 1 es de 100 kPa, determine la presión en la sección 2 y los caudales en las secciones 2 y 3. Diámetros de las secciones: $D_1 = 8$ cm; $D_2 = 4$ cm; $D_3 = 2$ cm.

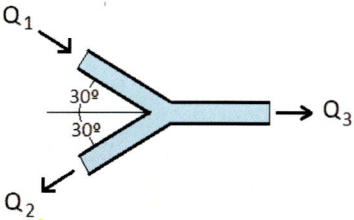

- Aplicamos Bernoulli entre los puntos 1, 2 y entre los puntos 1, 3:

$$\frac{v_1^2}{2g} + \frac{p_1}{\rho g} + z_1 = \frac{v_2^2}{2g} + \frac{p_2}{\rho g} + z_2 \qquad \frac{v_1^2}{2g} + \frac{p_1}{\rho g} + z_1 = \frac{v_3^2}{2g} + \frac{p_3}{\rho g} + z_3$$

- Como el accesorio está en un plano horizontal: $z_1 = z_2 = z_3 = 0$. Además, $p_3(man)=0$, por tanto:

$$\frac{v_1^2}{2g} + \frac{p_1}{\rho g} = \frac{v_2^2}{2g} + \frac{p_2}{\rho g} \quad (Eq.1)$$

$$\frac{v_1^2}{2g} + \frac{p_1}{\rho g} = \frac{v_3^2}{2g} \qquad (Eq.2)$$

- La ecuación de continuidad:

$$Q_1 = v_1 S_1 = v_2 S_3 + v_3 S_3 \quad (Eq.2)$$

- La velocidad $v_1 = Q_1/S_1 = 3.98$ m/s. Operando las ecuaciones anteriores, tenemos:

$Eq.2$ $11 = \dfrac{v_3^2}{2g}$ $\rightarrow$ $\boxed{v_3 = 14.69\,m/s}$

$Eq.3$ $6.4v_1 = 1.6v_2 + 0.4v_3$ $\rightarrow$ $\boxed{v_2 = 12.25\,m/s}$

$Eq.1$ $11 = \dfrac{v_2^2}{2g} + \dfrac{p_2}{\rho g}$ $\rightarrow$ $\boxed{p_2(man) = 33\,kPa}$

· Las caudales de salida son $Q_2 = 55.4\ m^3/h$, $Q_3 = 16.6\ m^3/h$

5. Aplicación de la ecuación de Navier-Stokes a un flujo laminar y estacionario de fluido incompresible, viscoso y newtoniano. Ecuación de Poiseuille

Suponemos el flujo interno de un fluido viscoso en régimen estacionario y laminar. El conducto es una tubería horizontal de longitud L y de sección circular constante de radio interno R. El líquido es incompresible y newtoniano (viscosidad dinámica μ).

En general, la Ecuación de Navier-Stokes es la siguiente:

$$\rho \vec{a} = \rho \vec{g} - \nabla p + \mu \nabla^2 \vec{v}$$

En el caso propuesto, la variación de energía cinética ($\rho \cdot a$) es cero ya que la velocidad no varía en la dirección longitudinal de la tubería ya que ésta es de sección constante. La variación de energía potencial ($\rho \cdot g$) también es cero ya que se trata de una tubería horizontal. Luego en este caso la ecuación de Navier-Stokes queda de la forma:

$$\nabla p = \mu \nabla^2 \vec{v}$$

Suponemos que la variación de presión a lo largo de la tubería es lineal, de tal modo que: p(z) = p_1 + (p_2 – p_1) z/ L. Donde z es distancia longitudinal de la tubería en la dirección del flujo tomando como origen la sección 1.

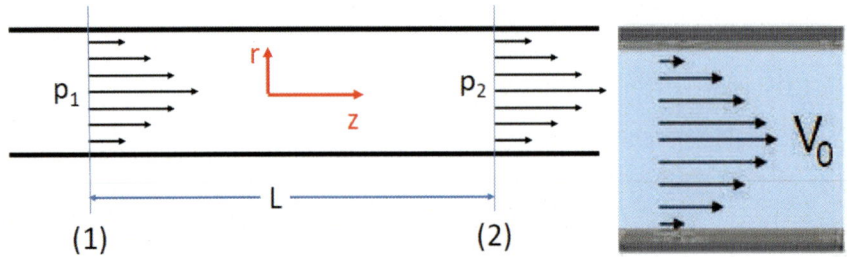

Figura 1.14. Conducción genérica.

Como sabemos que $p_1 > p_2$ ya que existe una pérdida de presión, entonces, tendremos que $\nabla p = (p_2-p_1)u_z/L$. Denominando a la pérdida de presión en el tramo de longitud L a $\Delta p = p_1 - p_2$, entonces tenemos:

$$\nabla^2 \vec{v} = -\frac{\Delta p}{\mu L}\vec{u}_z$$

Por la simetría del problema propuesto, es lógico suponer que la velocidad sólo tiene componente axial (según OZ, dirección longitudinal de la tubería), y que sólo dependerá del radio: $\vec{v} = v_z(r)\cdot\vec{u}_z$ (en coordenadas cilíndricas). Teniendo en cuenta la expresión de la Laplaciana en coordenadas cilíndricas y considerando sólo la coordenada axial:

$$\frac{1}{r}\frac{d}{dr}\left(r\frac{dv_z}{dr}\right) = -\frac{\Delta p}{\mu L}$$

Integrando obtenemos:

$$v_z(r) = -\frac{\Delta p}{4\mu L}r^2 + A\ln(r) + B$$

Las constantes de integración A y B se determinan para los radios r = 0 y r = R. El valor de A es nulo dado que para r = 0 la velocidad no puede ser infinita. Por otra parte, dado que la velocidad en R es nula, podemos deducir que $B = \left(\Delta p/4\mu L\right)R^2$. Finalmente obtenemos la expresión de la velocidad:

$$v_z(r) = \frac{\Delta p\cdot R^2}{4\mu L}\left(1-\frac{r^2}{R^2}\right) = V_0\left(1-\frac{r^2}{R^2}\right)$$

El valor de V_0 es la velocidad máxima del fluido en la sección de la tubería. Esta velocidad máxima V_0 es la del fluido en r = 0.

Para este caso particular de flujo laminar de fluido viscoso, obtenemos dos expresiones de interés que son la velocidad media y la expresión de la pérdida de presión.

La velocidad media de un fluido en un flujo interno se define como el flujo del vector velocidad a través de una sección de la conducción dividido por el área de la sección. Es decir, la velocidad media es el caudal dividido por la sección. La velocidad puede ser, y es, diferente en cada punto de la sección, pero el caudal en cada sección es único.

$$\boxed{\overline{v} = \frac{Q}{S} = \frac{1}{\pi R^2}\int_{r=0}^{r=R} V_0\left(1-\frac{r^2}{R^2}\right)2\pi r\,dr = \frac{V_0}{2}} \qquad (1.30)$$

En cuanto a la pérdida de presión, se obtiene despejando Δp de las expresiones anteriores. Especial interés tiene Δp en función de la viscosidad, la longitud, el radio de la tubería y del caudal. A mayor viscosidad, longitud o caudal la pérdida es mayor. A esta expresión se la conoce como Ecuación de Poiseuille.

$$\boxed{\Delta p = \frac{4\mu L}{R^2}V_0 = \frac{8\mu L}{R^2}\overline{v} = \frac{8\mu L}{\pi R^4}Q}$$ (1.31)

En el transporte normal de fluidos, tanto de líquidos como de gases, el régimen del flujo es turbulento, este régimen lo explicaremos en el Tema 3 de este libro. Sin embargo, hay algunas aplicaciones en las que la velocidad del fluido es muy baja y podemos asegurar que estamos en régimen laminar. Para estos casos la Ecuación de Poiseuille es de gran utilidad.

Es interesante determinar cuál es la expresión del esfuerzo viscoso en este caso de flujo laminar viscoso en una tubería de sección circular. El esfuerzo viscoso tiene la dirección el eje longitudinal de la tubería:

$$\tau_{rz} = \mu\left(\frac{\delta v_r}{\delta z} + \frac{\delta v_z}{\delta r}\right) = \mu\frac{\delta v_z}{\delta r} = \mu V_0\frac{\delta}{\delta r}\left(1 - \frac{r^2}{R^2}\right) = -\frac{2\mu V_0 r}{R^2}$$

$$(\tau_{rz})_{r=R} = -\frac{2\mu V_0}{R} = -\frac{4\mu\overline{v}}{R}$$ (1.32)

Como se observa en la expresión, el sentido del esfuerzo viscoso es opuesto al movimiento y aumenta con el radio, por esta razón los puntos centrales tienen mayor velocidad.

5.1. Ejemplo 11: flujo laminar en una arteria

En una arteria de 4 mm de diámetro interno, el flujo sanguíneo es de 2L/min. Considerando el caso de flujo laminar viscoso, determine la diferencia de presión entre dos puntos de la conducción que distan verticalmente 0.5 m si el flujo es descendente. Si el flujo fuera ascendente, ¿cuál sería la diferencia de presión? Determine también el esfuerzo viscoso del flujo sanguíneo en la superficie interior de la arteria. Considere la densidad de la sangre 1050 kg/m^3 y la viscosidad dinámica de la sangre μ = 4mPas.

· Calculamos la velocidad media:

$$v = \frac{Q}{S} = \frac{2\cdot 10^{-3}}{60}\frac{4}{\pi(4\cdot 10^{-3})^2} = 2.6526\,m/s$$

· Determinamos la pérdida de presión debida a la viscosidad del fluido (Ecuación de Poiseuille). Sustituyendo valores obtenemos:

$$\Delta p = \frac{8\mu L Q}{\pi R^4} = 10610.33 \ Pa$$

· Para el caso de flujo descendente, el punto inicial (1) corresponde a la cota superior y el final (2) corresponde a la cota inferior. El término de energía cinética no aparece ya que las velocidades medias son iguales porque el conducto tiene sección constante: $v_1 = v_2$. Por otra parte, $z_1 = L$ y $z_2 = 0$. Aplicando Bernoulli entre ambos puntos, tenemos:

$$\frac{p_1}{\rho g} + z_1 - \frac{\Delta p}{\rho g} = \frac{p_2}{\rho g} + z_2$$

$$p_1 - p_2 = \Delta p - \rho g z_1 = \boxed{5.46 \ kPa}$$

· Para el caso de flujo ascendente de (2) a (1):

$$\frac{p_2}{\rho g} + z_2 - \frac{\Delta p}{\rho g} = \frac{p_1}{\rho g} + z_1$$

$$p_2 - p_1 = \Delta p + \rho g z_1 = \boxed{15.76 \ kPa}$$

· Es interesante expresar estas diferencias de presión en mm de Hg, pues son éstas las unidades utilizadas por los médicos. En el caso de flujo descendente la diferencia de presión es de 41.1 mmHg y en el caso ascendente es de 118.1 mmHg.

· Por último, determinamos el esfuerzo viscoso para r = R:

$$\tau_{Rz} = -\frac{2\mu V_0}{R} = -\frac{4\mu v}{R} = \boxed{-21.22 \ N/m^2}$$

TEOREMA DEL TRANSPORTE DE REYNOLDS

El Teorema del Transporte de Reynolds permite estudiar una propiedad extensiva de un fluido en movimiento, restringiendo el estudio de esta propiedad a una región limitada del espacio denominado volumen de control. Esta región es un volumen concreto que es atravesado por el fluido y que se escoge cuidadosamente de forma que se puedan aplicar, según sea el caso, y con el conocimiento de las variables físicas implicadas, las leyes de conservación de la masa, de la cantidad de movimiento, del momento cinético y de la energía.

1. Conceptos previos

Antes de deducir el Teorema del Transporte de Reynolds es necesario definir los conceptos de sistema y de volumen de control.

· <u>Sistema</u> es la sustancia fluida en movimiento de la cual se quieren estudiar sus propiedades físicas extensivas. Están propiedades son la masa, la cantidad de movimiento, el momento cinético y la energía. Se trata de estudiar la variación de estas propiedades del fluido en movimiento y su relación con las variables físicas que las pueden modificar. Estas variables físicas son diversas, entre ellas podemos nombrar las fuerzas que soporta el fluido o la potencia térmica o mecánica que recibe o realiza el fluido.

· <u>Volumen de control</u> (VC) es la zona del espacio atravesado por el fluido donde se realiza el estudio. Este volumen de control puede ser rígido o deformable y también puede ser fijo o móvil. Por ejemplo, en el caso de una red de tuberías, trabajamos con volúmenes de control fijo e indeformables. En ingeniería naval, el volumen de control se mueve solidario con las embarcaciones. Por otra parte, en ciertas áreas como por ejemplo análisis de motores alternativos suelen emplearse volúmenes de control deformables para el estudio de transitorios de presión. En este curso, consideraremos el caso de un volumen de control fijo e indeformable.

El Teorema del Transporte de Reynolds estudia cada una de las cuatro propiedades extensivas nombradas. A esta propiedad la denominaremos B, y a la propiedad intensiva asociada, la denominaremos β, de modo que:

$$\beta = \frac{dB}{dm} \tag{2.1}$$

En el Teorema del Transporte de Reynolds se aplicarán los principios de conservación a una sustancia fluida en movimiento. Estos principios de conservación son: 1) principio de conservación de la masa, 2) principio de conservación de la cantidad de movimiento, 3) principio de conservación del momento cinético y 4) principio de conservación de la energía.

2. Demostración del Teorema de Reynolds

Consideraremos un conducto como el representado en la figura 2.1. El volumen de control que consideramos es tramo de tubería limitado por las secciones 1 y 2. El fluido (nuestro sistema) atraviesa el volumen de control (VC), entrando por la sección 1 y saliendo por la sección 2.

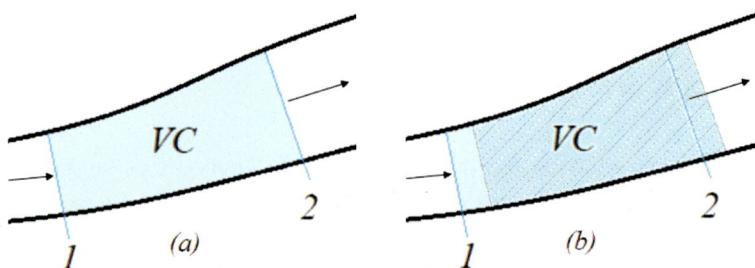

Figura 2.1. Volumen de control.

Para determinar la variación temporal de la propiedad extensiva B, consideramos un instante genérico t y un instante posterior t + Δt, así la derivada temporal de la propiedad B viene dada por la expresión:

$$\frac{dB_{sistema}}{dt} = \lim_{\Delta t \to 0} \frac{B_{sistema}(t + \Delta t) - B_{sistema}(t)}{\Delta t} \tag{2.2}$$

En el instante t = t, la propiedad B del sistema (sea la masa, energía, cantidad de movimiento...) coincide con la propiedad B en el volumen de control (imagen a de la figura 2.2):

$$B_{sistema}(t) = B_{VC}(t) \tag{2.3}$$

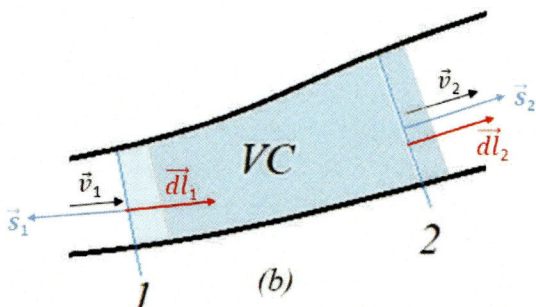

Figura 2.2. Cambio en el volumen de control.

Sin embargo, en el instante t = t + Δt, el sistema (sustancia rallada en la figura, b) se desplaza. Una parte del sistema abandona el volumen de control por la sección 2, y una parte del sistema entra por la sección 1. En estas circunstancias, la propiedad B del sistema en el instante t + Δt será igual a lo que hay en el volumen de control en ese instante t + Δt, más lo que sale del volumen de control, menos lo que entra en el volumen de control:

$$B_{sistema}(t + \Delta t) = B_{VC}(t + \Delta t) + B_{\substack{sale \\ deVC}} - B_{\substack{entra \\ enVC}} \tag{2.4}$$

Por otra parte, recordando la definición de la propiedad intensiva β=dB/dm, tenemos que la propiedad B que sale y que entra en el volumen de control, son:

$$B_{sale \, de \, VC} = \beta dm_2 = \beta \underbrace{\rho \vec{S}_2 \cdot \vec{dl}_2}_{masa}$$

$$B_{entra \, en \, VC} = \beta dm_1 = -\beta \underbrace{\rho \vec{S}_1 \cdot \vec{dl}_1}_{masa}$$

$$B_{sist}(t + \Delta t) = B_{VC}(t + \Delta t) + \beta \rho \left(\vec{S}_2 \cdot \vec{dl}_2 + \vec{S}_1 \cdot \vec{dl}_1 \right)$$

Sustituyendo B$_{sistema}$ (t) y B$_{sistema}$ (t+ Δt) en función de los respectivos valores de B en el volumen de control (VC), tenemos:

$$\frac{dB_{sistema}}{dt} = \lim_{\Delta t \to 0} \frac{B_{sistema}(t + \Delta t) - B_{sistema}(t)}{\Delta t} =$$

$$= \lim_{\Delta t \to 0} \frac{B_{VC}(t + \Delta t) + \beta \rho \vec{S}_2 \cdot \vec{dl}_2 + \beta \rho \vec{S}_1 \cdot \vec{dl}_1 - B_{VC}(t)}{\Delta t}$$

$$= \lim_{\Delta t \to 0} \frac{B_{VC}(t + \Delta t) - B_{VC}(t)}{\Delta t} + \beta \rho \vec{v}_2 \cdot \vec{S}_2 + \beta \rho \vec{v}_1 \cdot \vec{S}_1$$

$$= \frac{dB_{VC}}{dt} + \oiint_{SC} \beta \rho \vec{v} \cdot d\vec{S}$$

En el desarrollo anterior se considera $v_1 = dl_1/dt$ y $v_2 = dl_2/dt$. Por otra parte, el VC podría tener varias entradas y varias salidas, por ello hemos generalizado la suma de los dos términos que representan los flujos salientes y entrantes por la expresión general del flujo a través de la superficie cerrada que limita el volumen de control considerado. Finalmente tenemos la expresión general del Teorema del Transporte de Reynolds:

$$\left(\frac{dB}{dt}\right)_{sistema} = \left(\frac{dB}{dt}\right)_{VC} + \oiint_{SC} \beta\rho\vec{v}\cdot d\vec{S} \tag{2.5}$$

La ecuación expresa que la variación temporal de la propiedad B del sistema, es la suma de la variación temporal de B en el interior del volumen de control considerado, más el flujo del producto $\beta\rho v$ a través de la superficie cerrada que limita el VC, siendo $\beta = dB/dm$. La integral doble de superficie cerrada es la suma de los flujos entrantes y salientes en el VC. El signo de los flujos salientes es positivo y el de los entrantes negativo.

3. Aplicación del teorema de transporte de Reynolds al principio de conservación de la masa

En esta aplicación del Teorema del Transporte de Reynolds, la propiedad extensiva B es la masa y la propiedad intensiva ß es, por tanto, la unidad. Por tanto, tenemos que:

$$B = m; \qquad\qquad \beta = \frac{dB}{dm} = \frac{dm}{dm} = 1 \tag{2.6}$$

El Principio de Conservación de la Masa dice que la masa de una sustancia permanece constante, es decir,

$$\left(\frac{dB}{dt}\right)_{sistema} = 0 \tag{2.7}$$

Sustituyendo en la expresión general del Teorema del Transporte de Reynolds (Ec. 1), obtenemos:

$$0 = \left(\frac{dm}{dt}\right)_{VC} + \oiint_{VC} \rho\vec{v}\cdot d\vec{S}$$

Expresando la masa en función de la densidad ρ, $dm = \rho\, dV$, donde dV es el diferencial de volumen, obtenemos el Principio de Conservación de la Masa en su expresión integral, esto es, el flujo másico que entra en el volumen de control será igual a lo que sale más lo que se queda en el volumen de control.

$$\boxed{\frac{d}{dt}\left(\iiint_{VC} \rho\, dV\right) + \oiint_{SC} \rho\vec{v}\cdot d\vec{S} = 0}$$

(2.8)

El primer término de la ecuación 2.8, correspondiente a la integral triple, indica la variación temporal de la masa en el volumen de control. Si nos encontramos en estado estacionario, esta variación es nula. Existen varios casos en los que esta variación no es nula, como por ejemplo el llenado o vaciado de depósitos. En estos casos suele considerarse como volumen de control el volumen delimitado por el depósito, cuya masa disminuye cuando se vacía el depósito y aumenta cuando se llena.

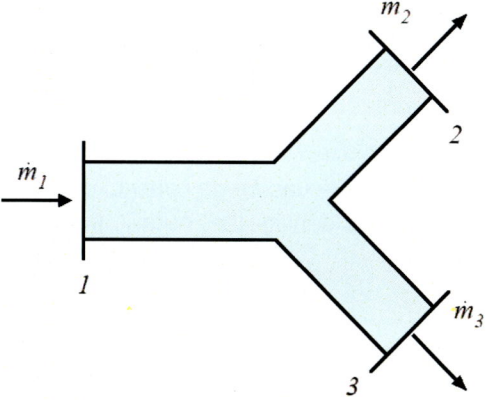

Figura 2.3. Ejemplo de bifurcación.

En estado estacionario podemos decir que el flujo másico en una superficie cerrada es nulo. Es decir, lo que entra en el volumen de control considerado es igual a lo que sale. Por ejemplo, en el caso de la bifurcación representada en la figura 2.3., en estado estacionario:

$$\oiint_{SC} \rho\vec{v}\cdot \overrightarrow{dS} = 0 \qquad \sum_{entrante} \dot{m}_i = \sum_{saliente} \dot{m}_i \qquad \dot{m}_1 = \dot{m}_2 + \dot{m}_3$$

Si se trata de un fluido de densidad constante, entoces la suma de los flujos volumétricos (caudales) entrantes es igual a la suma de los caudales salientes.

Para el caso mostrado en la figura 2.3.:

$$\underbrace{\sum_{entrante} Q_i = \sum_{saliente} Q_i}_{\text{Si } \rho=cte} \qquad Q_1 = Q_2 + Q_3$$

A continuación, deduciremos el principio de conservación de la masa en su expresión diferencial. Consideramos un volumen de control indeformable y fijo. De este modo, la derivada de la integral de volumen tendrá la forma:

$$\frac{d}{dt}\left(\iiint_{VC} \rho dV\right) = \iiint_{VC} \frac{\delta\rho}{\delta t}dV$$

Por otra parte, la integral de superficie cerrada, por el Teorema de la Divergencia, podemos expresarla del siguiente modo:

$$\oiint_{SC} \rho\vec{v}\cdot\overrightarrow{dS} = \iiint_{VC} div(\rho\vec{v})\cdot dV$$

Sustituyendo estas expresiones en el teorema del transporte de Reynolds aplicado a la conservación de la masa (Ec. 2), obtenemos la expresión:

$$\iiint_{VC} \frac{d\rho}{dt}dV + \iiint_{VC} div(\rho\vec{v})\cdot dV = 0$$

$$\boxed{\frac{d\rho}{dt} + div(\rho\vec{v}) = 0} \tag{2.9}$$

A esta ecuación se la denomina ecuación de continuidad. Si estamos en estado estacionario, la variación de la densidad es nula y, por tanto:

$$\frac{d\rho}{dt} = 0 \qquad\rightarrow\qquad div(\rho\vec{v}) = 0$$

Por otra parte, si consideramos líquidos incompresibles, se cumplirá:

$$\rho = cte \qquad\rightarrow\qquad div(\vec{v}) = 0$$

El flujo de líquido es no divergente (adivergente), esto quiere decir que el flujo del vector velocidad a través de una superficie cerrada es cero. En el dominio considerado en el que se cumple esta ecuación diferencial no hay fuentes ni sumideros de campo.

En una red de tuberías se traduce a afirmar que la suma de los caudales en un nudo es cero. Los caudales tienen su signo, son positivos en el caso de flujo saliente del volumen de control y negativos si los flujos son entrantes, así se deduce del producto escalar del vector velocidad y el vector sección.

Un campo vectorial adivergente lo tenemos también en el caso en el que divergencia de la densidad de corriente es cero:

$$div(\vec{J}) = 0$$

De esta ecuación se deduce la ley de nudos de Kirchhoff para circuitos eléctricos que enuncia que la suma de intensidades en un nudo es cero ($\Sigma I_i=0$). Recordemos que la intensidad es el flujo de la densidad de corriente.

Por último, mencionar que el campo magnético también es adivergente $div(\vec{B}) = 0$, por esta razón en los circuitos magnéticos la suma de los flujos magnéticos en una superficie cerrada es nula ($\Sigma\phi_i=0$).

3.1. Ejemplo 12: vaciado de un depósito

Se desea determinar el tiempo que tardará el depósito de la figura en vaciarse. El depósito es cilíndrico, de diámetro D y contiene agua hasta una altura H. El desagüe se halla en la base y es de sección circular, con diámetro d.

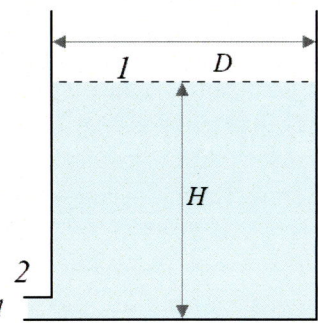

· La velocidad de salida del depósito se determina aplicando Bernoulli entre los puntos 1 (superficie libre) y 2 (desagüe):

$$\frac{v_1^2}{2g} + \frac{p_1}{\rho g} + z_1 = \frac{v_2^2}{2g} + \frac{p_2}{\rho g} + z_2$$

· Las presiones en 1 y 2 son iguales a la atmosférica y la altura de 2 es nula si la consideramos el origen. Para un instante cualquiera, t, que corresponde a una altura de líquido h, tenemos:

$$\frac{v_1^2}{2g} + z_1 = \frac{v_2^2}{2g} \quad \rightarrow \quad v_2^2 - v_1^2 = 2gh$$

· Por otra parte, se ha de cumplir la ecuación de continuidad: lo que sale por el desagüe es igual a lo que baja el nivel del depósito:

$$v_2 S_2 = v_1 S_1$$

· Sustituyendo en función de v_1 (velocidad de bajada del nivel del depósito):

$$v_1^2\left(\frac{S_1^2}{S_2^2} - 1\right) = 2gh \quad \rightarrow \quad v_1 = \sqrt{\frac{2gS_2^2}{S_1^2 - S_2^2}}\sqrt{h}$$

· La velocidad de la superficie del depósito es igual a la disminución de la altura respecto el tiempo: v_1 = dz/dt = d(H-h)/dt = -dh/dt. Sustituimos e integramos de 0 a t, que corresponde a las alturas H y h:

$$-\frac{dh}{dt} = \sqrt{\frac{2gS_2^2}{S_1^2 - S_2^2}}\sqrt{h} \quad \rightarrow \quad -\int_H^h \frac{dh}{\sqrt{h}} = \sqrt{\frac{2gS_2^2}{S_1^2 - S_2^2}}\int_0^t dt$$

$$2\left(\sqrt{H}-\sqrt{h}\right)=\sqrt{\frac{2gS_2^2}{S_1^2-S_2^2}}\,t \quad\rightarrow\quad t=\frac{2}{\sqrt{2g}}\sqrt{\frac{S_1^2}{S_2^2}-1}\left(\sqrt{H}-\sqrt{h}\right)$$

- El tiempo de descarga total será, para h = 0:

$$t=\frac{2\sqrt{H}}{\sqrt{2g}}\sqrt{\frac{S_1^2}{S_2^2}-1}=\sqrt{\frac{2H}{g}\left(\frac{S_1^2}{S_2^2}-1\right)}$$

- Realicemos ahora una aplicación numérica para el caso de un depósito de 1 m de diámetro y 1 m de altura. A continuación, se calcula el tiempo de vaciado del depósito para diferentes diámetros de salida:

$$t=0.451524\sqrt{\frac{1}{d^4}-1}$$

$$d=1\,cm \qquad \rightarrow 4515\,s = 1\text{h}\ 15\,\text{min}$$

$$d=2\,cm \qquad \rightarrow 1129\,s = \qquad 19\,\text{min}$$

$$d=3\,cm \qquad \rightarrow 502\,s = \qquad 8\ \ \text{min}$$

$$d=5\,cm \qquad \rightarrow 181\,s = \qquad 3\ \ \text{min}$$

4. Aplicación del teorema de transporte de Reynolds al principio de la cantidad de movimiento

Ahora la magnitud extensiva considerada es la cantidad de movimiento de la sustancia, es decir;

$$B=m\vec{v}; \qquad\qquad \beta=\frac{dB}{dm}=\frac{d(m\vec{v})}{dm}=\vec{v}$$

El Teorema del Transporte de Reynolds aplicado a la conservación de la cantidad de movimiento queda del siguiente modo:

$$\frac{d}{dt}\left(m\vec{v}\right)_{sistema}=\frac{d}{dt}\left(\iiint_{VC}(\vec{v}\rho)\vec{v}\cdot dS\right)+\oiint_{SC}(\vec{v}\rho)\vec{v}\cdot\overrightarrow{dS}$$

En virtud de la Segunda Ley de Newton, la suma de todas las fuerzas aplicadas a un cuerpo es igual a su masa por su aceleración, esto es, la derivada de la cantidad de movimiento. De tal modo, la expresión anterior quedaría:

$$\sum\vec{f}_{externas}=\frac{d}{dt}\left(m\vec{v}\right)_{VC}+\oiint_{SC}(\vec{v}\rho)\vec{v}\cdot\overrightarrow{dS}$$

En estado estacionario:

$$\sum \vec{f}_{externas} = \oiint_{SC} (\vec{v}\rho)\vec{v} \cdot \overrightarrow{dS}$$

Si consideramos que en una sección la velocidad del fluido en todos sus puntos es la misma podemos realizar la siguiente simplificación:

$$\oiint_{SC} (\vec{v}\rho)\vec{v} \cdot \overrightarrow{dS} = \sum_{salientes} \dot{m}_i \vec{v}_i - \sum_{entrantes} \dot{m}_i \vec{v}_i$$

Esta simplificación es aplicable a fluidos laminares de fluidos no viscosos. En tal caso tendremos que:

$$\sum \vec{f}_{externas} = \sum_{salientes} \dot{m}_i \vec{v}_i - \sum_{entrantes} \dot{m}_i \vec{v}_i$$

En el primer término hay que incluir todas las fuerzas que soporta el fluido contenido en el volumen de control. Estas son, el peso del fluido, las fuerzas de presión en las entradas y salidas del fluido en el volumen de control, la fuerza que el accesorio ejerce sobre el fluido y la fuerza de rozamiento del fluido con el accesorio.

Para el cálculo de las fuerzas de presión sólo hay que considerar las presiones manométricas. Esto se debe a que todo el fluido está sometido a la misma presión atmosférica y la fuerza resultante sobre la superficie cerrada que envuelve el fluido limitado por el volumen de control es nula. Por último, si el fluido estuviera cargado eléctricamente y se moviera en una zona donde hubiera un campo eléctrico y magnético habría que incorporar las fuerzas eléctricas y magnéticas en el sumatorio de fuerzas que soporta el fluido.

4.1. Ejemplo 13: fuerza sobre un accesorio (1/3)

El accesorio de la figura es un tubo de sección variable (de S1 a S2) dispuesto en el plano vertical, donde la altura z es de 1 m. El volumen interior del accesorio es de 4 litros. Por este accesorio circula un caudal de agua de 5 L/s y descarga al aire por la sección S2. Los diámetros de las secciones del accesorio son d_1 = 10 cm y d_2 = 2 cm.

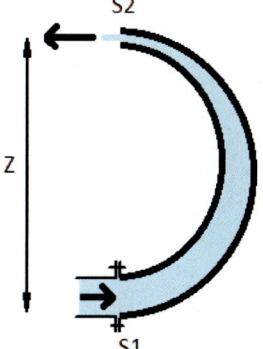

Se desea determinar la fuerza que soporta el accesorio debido al flujo de fluido en su interior.

Considere despreciable la fricción del fluido en su movimiento dentro del conducto.

· Calculamos las velocidades de entrada y salida del accesorio:

$$v_1 = \frac{Q}{S_1} = 0.6366\, m/s \quad (+\vec{i})$$

$$v_2 = \frac{Q}{S_2} = 15.9155\, m/s \quad (-\vec{i})$$

· Aplicamos Bernoulli entre el punto de entrada (1) y de salida (2):

$$\frac{p_1}{\rho g} + \frac{v_1^2}{2g} + z_1 = \frac{p_2}{\rho g} + \frac{v_2^2}{2g} + z_2$$

· La salida está a presión atmosférica: $p_2(man) = 0$. La diferencia de cotas $z_2 - z_1 = 1$ m, por tanto:

$$p_1(man) = \rho g \left(\frac{v_2^2}{2g} - \frac{v_1^2}{2g} + z_2 - z_1 \right) = 136.259\, kPa$$

· Ahora aplicamos el Teorema de Transporte de Reynolds a la conservación de la cantidad de movimiento en el volumen de control limitado por el accesorio en estudio:

$$\sum \vec{f}_{externas} = \sum_{salientes} \dot{m}_i \vec{v}_i - \sum_{entrantes} \dot{m}_i \vec{v}_i$$

· Las fuerzas que actúan sobre el fluido contenido en el volumen de control son el peso (mg), las fuerzas de presión (pS) y la que el accesorio ejerce sobre el fluido (F).

$$\vec{F} - mg\vec{j} + p_1 S_1 \vec{i} = \dot{m}\left(v_2 \vec{i} - v_1 \vec{i} \right)$$

$$\vec{F} - 4g\vec{j} + 136259 \cdot \frac{\pi 0.1^2}{4}\vec{i} = 5\left(-15.9155 - 0.6366 \right)\vec{i}$$

$$\vec{F} = -1152.94\vec{i} + 39.24\vec{j}$$

· La fuerza que el fluido ejerce sobre el conducto será la reacción a la fuerza F, es decir:

$$\boxed{\vec{R} = -\vec{F} = 1152.94\vec{i} - 39.24\vec{j} \quad (N)}$$

4.2. Ejemplo 14: fuerza sobre un accesorio (2/3)

Por el accesorio mostrado en la figura con forma de T y situado en un plano horizontal, entra agua a través de una tubería con un caudal de $Q_1 = 720 \ m^3/h$ y desagua al aire por las secciones 2 y 3. Determine la fuerza que el fluido en su movimiento ejerce sobre el accesorio. Suponga que no hay pérdidas por rozamiento. Diámetros de las secciones: $D_1 = 32 \ cm$; $D_2 = 20 \ cm$; $D_3 = 16 \ cm$.

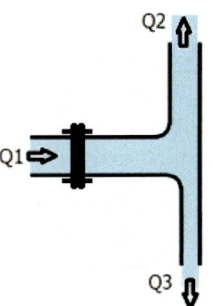

- La velocidad en la sección 1 la determinamos a partir del caudal, que es conocido:

$$v_1 = \frac{Q}{A} = \frac{4Q}{\pi D_1^2} = 2.487 \ m/s$$

- Aplicamos Bernoulli entre 1 – 2, entre 1 – 3 y planteamos la ecuación de continuidad. Dado que estamos en horizontal, las alturas son iguales. Además, las presiones en 2 y 3 son la atmosférica: $p_2(man) = p_3(man) = 0$:

$$\frac{p_1}{\rho g} + \frac{v_1^2}{2g} = \frac{v_2^2}{2g} \quad ; \quad \frac{p_1}{\rho g} + \frac{v_1^2}{2g} = \frac{v_3^2}{2g} \quad ; \quad v_1 S_1 = v_2 S_2 + v_3 S_3$$

- Del sistema anterior se deduce que $v_2 = v_3$. Tambien podemos despejar la presión p_1 de la primera ecuación:

$$v_2 = v_3 = v_1 \, S_1 / (S_2 + S_3) = 3.882 \ m/s$$

$$p_1 = 1000 \left(\frac{3.882^2}{2} - \frac{2.487^2}{2} \right) = 4442.2 \ Pa$$

- Aplicamos el Teorema de Transporte de Reynolds:

$$\sum \vec{f}_{externas} = \sum_{salientes} \dot{m}_i \vec{v}_i - \sum_{entrantes} \dot{m}_i \vec{v}_i$$

$$\vec{F} + F_{p_1} \vec{i} = \left(\dot{m}_2 v_2 \vec{j} - \dot{m}_3 v_3 \vec{j} \right) - \left(\dot{m}_1 v_1 \vec{i} \right) \quad \vec{F} = -854.6\vec{i} + 170.4\vec{j} \ (N)$$

- La fuerza que ejerce el agua sobre el accesorio es la reacción,

$$\boxed{\vec{R} = -\vec{F} = 854.6\vec{i} - 170.4\vec{j} \ (N)}$$

- … que de módulo 871.45 N y que forma un ángulo de -11.3° con el eje OX.

4.3. Ejemplo 15: fuerza sobre un accesorio (3/3)

En el accesorio mostrado en la figura con forma de Y, situado en un plano horizontal, entran 10 L/s de agua por la sección 1, saliendo por las secciones 2 y 3. La salida 3 descarga al aire. Los diámetros de cada sección son: D_1= 10 cm, D_2= 10 cm y D_3= 2 cm. Sabiendo que la presión manométrica en la sección 1 es de 50 kPa, y despreciando la fricción, determine:

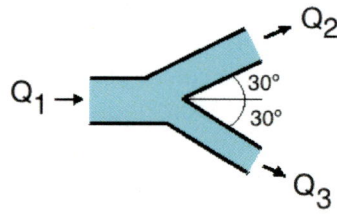

a) Caudales en las secciones 2 y 3 y la presión manométrica en la sección 2,

b) Fuerza que soporta el accesorio debido al flujo de fluido por la conducción.

· Aplicamos Bernoulli entre los puntos 1 – 2 y los puntos 1 – 3. Las alturas son las mismas, y la presión manométrica en 3 es cero. Además, tenemos la ecuación de conservación de la masa:

$$\frac{p_1}{\rho g}+\frac{v_1^2}{2g}=\frac{p_2}{\rho g}+\frac{v_2^2}{2g} \quad ; \quad \frac{p_1}{\rho g}+\frac{v_1^2}{2g}=\frac{v_3^2}{2g} \quad ; \quad v_1 S_1 = v_2 S_2 + v_3 S_3$$

· Los datos son p_1 = 50kPa y Q_1 = 0.01 m³/s. Con Q_1 determinamos v_1 = 1.2732 m/s. Así tenemos tres ecuaciones con tres incógnitas (v_2, v_3 y p_2).

· Sustituyendo valores obtenemos: v_2 = 0.87 m/s, v_3 = 10.08 m/s y p_2 = 50.432 kPa.

· Los caudales en cada sección son: Q_1=0.01 m³/s =10 L/s, Q_2=0.006833 m³/s = 6.833 L/s, Q_3=0.003167 m³/s = 3.167 L/s

· Fuerzas debidas a la presión sobre el sistema contenido en el volumen de control: F_{p1} = $p_1 S_1$ = 392.70 N, F_{p2} = $p_2 S_2$ = 396.09 N, F_{p3} = 0 N

· Aplicamos el Teorema de Transporte de Reynolds para el volumen de control:

$$\sum \vec{F}_{ext} = \sum_{salientes} \dot{m}_i \vec{v}_i - \sum_{entrantes} \dot{m}_i \vec{v}_i$$

$$\sum_{salientes} \dot{m}_i \vec{v}_i = Q_2 \rho v_2 \left(\cos 30\,\vec{i} + sen30\,\vec{j}\right) + Q_3 \rho v_3 \left(\cos 30\,\vec{i} - sen30\,\vec{j}\right)$$

$$\sum_{entrantes} \dot{m}_i \vec{v}_i = Q_1 \rho v_1 \vec{i}$$

$$\sum \vec{F}_{ext} = \vec{F} + F_{p1}\vec{i} - F_{p2}\left(\cos 30\,\vec{i} + sen30\,\vec{j}\right)$$

Ordenando los términos, tenemos:

$$F_x = -F_{P1} + F_{P2}\cos 30 +$$
$$+ Q_2 \rho v_2 \cos 30 + Q_3 \rho v_3 \cos 30 - Q_1 \rho v_1 = -29.61N$$
$$F_y = F_{P2}sen30 + Q_2 \rho v_2 sen30 - Q_3 \rho v_3 sen30 = 185.06\ N$$

· Fuerza sobre el accesorio debido al flujo de fluido:

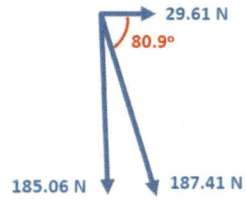

$$R_x = -F_x = +29.61N$$
$$R_y = -F_y = -185.06\ N$$

4.4. Ejemplo 16: fuerza sobre un álabe

Un chorro de agua de 40 L/s incide horizontalmente sobre un álabe que desvía el chorro hacia arriba un ángulo de 60°, suponiendo que la sección del chorro se mantiene constante en 20 cm², determine la fuerza que soporta el álabe. Si el álabe se moviera en la misma dirección que el chorro, aunque en sentido contrario, y con velocidad constante v_0 = 5 m/s, ¿cuál sería la nueva fuerza?

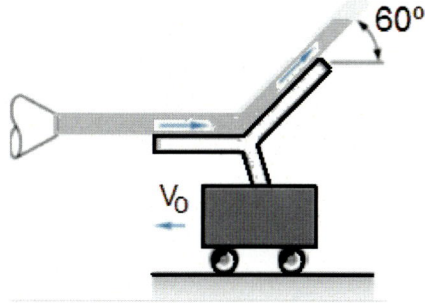

· Para el caso de que el álabe esté en reposo (v_0 = 0), la velocidad de entrada de fluido en el álabe y el caudal másico serán:

$$v = \frac{40 \cdot 10^{-3}}{20 \cdot 10^{-4}} = 20\ m/s \quad \dot{m} = 40\ kg/s$$

· Considerando que la profundidad es muy pequeña, en este caso todo el fluido está sometido a la presión atmosférica por lo que la resultante de las fuerzas de presión que actúan sobre la superficie del fluido es cero. Aplicando el Teorema de Transporte de Reynolds al volumen de control constituido por el volumen que ocupa el fluido sobre el álabe, tenemos:

$$\sum \vec{F}_{ext} = \vec{F} = \dot{m}v(\cos(60)\vec{i} + \sin(60)\vec{j}) - \dot{m}v\vec{i} = 800\left(-\frac{1}{2}\vec{i} + \frac{\sqrt{3}}{2}\vec{j}\right)\ N$$

· La fuerza que soporta el bastidor es igual la reacción, es decir:

$$\vec{R} = -800\left(-\frac{1}{2}\vec{i} + \frac{\sqrt{3}}{2}\vec{j}\right) = \boxed{400\,\vec{i} - 693\,\vec{j}\ (N)}$$

- Para $v_0 = 5$ m/s (hacia la izquierda), la velocidad relativa del fluido respecto del carrito será $v_{agua} - v_0 = v_{agua} + 5$. Por tanto, la nueva velocidad y caudal másico serán:

$$v = 20 + 5 = 25\ m/s \quad \dot{m} = \rho v S = 1000 \times 25 \times 20 \times 10^{-4} = 50\ kg/s$$

- Aplicamos el teorema de Transporte de Reynolds

$$\sum \vec{F}_{ext} = \vec{F} = \dot{m}v(\cos(60)\vec{i} + \sin(60)\vec{j}) - \dot{m}v\vec{i} = 1250\left(-\frac{1}{2}\vec{i} + \frac{\sqrt{3}}{2}\vec{j}\right)N$$

- La fuerza que soporta el álabe será la reacción, es decir:

$$\vec{R} = -1250\left(-\frac{1}{2}\vec{i} + \frac{\sqrt{3}}{2}\vec{j}\right) = \boxed{625\,\vec{i} - 1082.5\,\vec{j}\ (N)}$$

5. Aplicación del teorema de transporte de Reynolds al principio de conservación de la energía

El Principio de Conservación de la Energía, también llamado Primer Principio de la Termodinámica, dice que la energía calorífica (Q) que recibe un sistema (sustancia) es igual al aumento de la energía propia del sistema (E) más el trabajo (W) que realiza el sistema.

$$Q = \Delta E + W \tag{2.10}$$

La energía asociada a la sustancia en movimiento (E) es la suma de la energía interna (U), relacionada con la temperatura de la sustancia, la energía potencial (mgh), y la energía cinética ($1/2mv^2$).

El criterio de signo considerado es el que se utiliza en termodinámica. El calor es positivo si el sistema recibe calor, el trabajo es positivo si es el sistema quien lo realiza. Por ejemplo, si calentamos una sustancia aportamos un calor que es positivo. Si la sustancia mueve una turbina el trabajo realizado es positivo. Cuando una bomba impulsa el fluido, el trabajo es negativo. La magnitud extensiva en estudio es la energía asociada a la sustancia, E:

$$E = U + mgz + \frac{1}{2}mv^2 \tag{2.11}$$

La magnitud intensiva asociada *e*, será:

$$e = \frac{dE}{dm} = u + gz + \frac{v^2}{2}$$

De acuerdo con el Principio de Conservación de la Energía, la derivada temporal de la energía propia de la sustancia será igual a la potencia calorífica que recibe el sistema menos el trabajo que realiza el sistema. Aplicando el Teorema de Transporte de Reynolds, tenemos,

$$\left(\frac{dE}{dt} \right)_{sistema} = \frac{dQ}{dt} - \frac{dW}{dt}$$

$$\left(\frac{dE}{dt} \right)_{sistema} = \left(\frac{dE}{dt} \right)_{VC} + \oiint_{SC} \left(u + gz + \frac{v^2}{2} \right) \rho \vec{v} \cdot d\vec{S} = \dot{Q} - \dot{W}$$

En el estado estacionario, la variación temporal de la energía E de la sustancia contenida en el volumen de control es nula. Por otra parte, la potencia del trabajo realizado por la sustancia incluye la potencia realizada por las fuerzas de presión.

A continuación determinamos la expresión de la potencia mecánica realizada por las fuerzas de presión y que actúan sobre la sustancia.

Para ello consideramos el volumen de control utilizado al inicio de este tema (ver figura 2.2). En la sección (1) la sustancia contenida en el volumen de control es empujada con la fuerza de presión $F_1 = p_1 S_1$, cuya potencia es:

$$\dot{W}_1 = \vec{F}_1 \cdot \vec{v}_1 = -p_1 \vec{S}_1 \cdot \vec{v}_1$$

En la sección (2) la sustancia contenida en el volumen de control es empujada con la siguiente potencia:

$$\dot{W}_2 = \vec{F}_2 \cdot \vec{v}_2 = -p_2 \vec{S}_2 \cdot \vec{v}_2$$

Generalizando para el caso de varias entradas y salidas en el volumen de control, tenemos que la potencia que realizan las fuerzas de presión será:

$$\dot{W}_{\text{Fuerzas Presión}} = -\oiint_{SC} -p\vec{v} \cdot d\vec{S} = \oiint_{SC} p\vec{v} \cdot d\vec{S}$$

El cambio de signo se debe a que esta potencia la recibe el fluido y en la expresión de conservación de la energía es negativa. Incorporando esta expresión en el Teorema de Transporte de Reynolds, para el caso del estado estacionario, tenemos:

$$\oiint_{SC} \left(u + gz + \frac{v^2}{2} \right) \rho \vec{v} \cdot d\vec{S} = \dot{Q} - \dot{W} - \oiint_{SC} p\vec{v} \cdot d\vec{S}$$

Unificando los términos de la integral de superficie al primer miembro tenemos la expresión general del Teorema de Transporte de Reynolds aplicado al Principio de Conservación de la Energía para el estado estacionario:

$$\oiint_{SC} \left(u + gz + \frac{v^2}{2} + \frac{p}{\rho} \right) \rho \vec{v} \cdot d\vec{S} = \dot{Q} - \dot{W} \qquad (2.12)$$

En el primer miembro de la expresión tenemos las potencias asociadas al flujo de fluido entrante y saliente al volumen de control. En el segundo miembro tenemos la potencia calorífica que recibe el fluido en el volumen de control y la potencia mecánica que realiza el fluido en el volumen de control.

La potencia mecánica es positiva si acciona una máquina, por ejemplo, los gases de combustión de un motor empujan el émbolo del cilindro. También puede ser negativa y la potencia la recibe la sustancia, por ejemplo, una bomba impulsando un líquido. Dentro de esta potencia mecánica también hay que incluir el rozamiento entre el fluido y las paredes del conducto.

5.1. Aplicación al caso de fluido compresible (gases) en el estado estacionario

Consideramos el caso en que el volumen de control tenga varias entradas y salidas, y que los valores de las magnitudes en cada sección son constantes en la sección considerada. En este caso podemos sustituir la integral de superficie por los sumatorio siguientes:

$$\sum_{salidas} \dot{m}_i \left(u_i + gz_i + \frac{v_i^2}{2} + \frac{p_i}{\rho_i} \right) - \sum_{entradas} \dot{m}_i \left(u_i + gz_i + \frac{v_i^2}{2} + \frac{p_i}{\rho_i} \right) = \dot{Q} - \dot{W}$$

Recordamos la expresión de la entalpía H = U + PV. La entalpía por unidad de masa será: h=u+p/ρ, sustituyendo en la ecuación anterior, tenemos:

$$\sum_{salidas} \dot{m}_i \left(h_i + gz_i + \frac{v_i^2}{2} \right) - \sum_{entradas} \dot{m}_i \left(h_i + gz_i + \frac{v_i^2}{2} \right) = \dot{Q} - \dot{W} \qquad (2.13)$$

5.1.1. Ejemplo 17: balance en transporte de aire (1/2)

Una máquina toma aire, en régimen estacionario, a través de las secciones 1 y 2 y lo descarga por la sección 3. Las propiedades en cada sección son las que se indican en la tabla adjunta. La máquina está aislada térmicamente del exterior (Q = 0). Se pide: la potencia total intercambiada entre el aire y la turbina que hay en el interior de la máquina, explicando su signo. Suponer que el aire es un gas perfecto: R=8.314 J/mol/°K; M= 29 g/mol, c_p=1.1 kJ/kg/°K

Sección	Área A (m²)	Caudal Q (m³/s)	Temp. T (°C)	Presión P (Mpa)	Altura H (m)
1	0.06	1.5	20	0.35	0.0
2	0.08	2.0	25	0.25	0.0
3	0.10	¿?	60	0.10	10.0

· Completamos la tabla anterior calculando la velocidad, la densidad y el caudal másico en cada sección, para ello utilizamos las expresiones:

· Cálculo velocidad:

$$v_i = Q/A$$

· Cálculo densidad (gas perfecto)

$$PV = nRT; \quad PV = \frac{m}{M}RT; \quad \frac{P}{\rho} = \frac{RT}{M}$$

· Cálculo del caudal másico (gasto másico)

$$G_i = \dot{m}_i = \rho_i Q_i = \rho_i S_i v_i$$

· El caudal másico en la sección (3) será:

$$G_3 = G_1 + G_2$$

Sección	A (m²)	Q (m³/s)	T (°C)	P (MPa)	H (m)	v (m/s)	ρ (kg/m³)	G (kg/s)
1	0.06	1.5	20	0.35	0.0	25.00	4.17	6.25
2	0.08	2.0	25	0.25	0.0	25.00	2.93	5.85
3	0.10	11.55	60	0.10	10.0	115.54	1.05	12.10

· El cálculo de la entalpía por unidad de masa la determinamos considerando un gas perfecto: $h_i = c_p T$

· Así tenemos la potencia de entrada (negativa) y salida (positiva) en cada sección:

65

Sección	Entalpía (kJ/kg)	E. potencial (kJ/kg)	E. cinética (kJ/kg)	Total (kJ/kg)	Total (kW)
1	322.3	0.000	0.3125	322.6125	-2016.3265
2	327.8	0.000	0.3125	328.1125	-1920.2797
3	366.3	0.098	6.6747	373.0727	+4515.1121
					+578.5059

- Realizamos el balance energético:

$$\dot{Q} - \dot{W} = +578.51\,kW \quad \text{Dado que } \dot{Q} = 0, \quad \dot{W} = -578.51\,kW$$

- La potencia mecánica es negativa, esto es el sistema (el aire contenido en la máquina) recibe una potencia de 578.51 kW. La turbina actúa como ventilador, impulsa al aire.

5.1.2. Ejemplo 18: balance en transporte de aire (2/2)

Una máquina toma aire, en régimen estacionario, a través de las secciones 1 y 2 y lo descarga por la sección 3. Las propiedades en cada sección son las que se indican en la tabla adjunta. La máquina comunica al aire 400 kW. Determinar el calor intercambiado explicando el signo. Suponer que el aire es un gas perfecto: R=8.314 J/mol/°K; M = 29 g/mol, c_p = 1.0 kJ/kg/°K

Sección	Área A (m²)	Caudal Q (m³/s)	Temp. T (°C)	Presión P (Mpa)	Altura H (m)
1	0.06	+1.6	35	0.18	0.6
2	0.08	+1.2	45	0.16	1.2
3	0.04	-¿?	75	0.24	0.8

- Operamos igual que en el ejemplo anterior y completamos la tabla con los valores de velocidad, densidad y gasto másico en cada sección:

Sección	A (m²)	Q (m³/s)	T (°C)	P (MPa)	H (m)	v (m/s)	ρ (kg/m³)	G (kg/s)
1	0.06	1.60	0.18	35	308	26.67	2.0385	3.2616
2	0.08	1.20	0.16	45	318	15.00	1.7550	2.1060
3	0.04	2.23	0.24	75	348	55.78	2.4056	5.3676

- Calculamos las potencias de entrada (negativa) y salida (positiva) en cada sección:

Sección	Entalpía (kJ/kg)	E. potencial (kJ/kg)	E. cinética (kJ/kg)	Total (kJ/kg)	Total (kW)
1	308.00	0.0059	0.3556	308.36	-1005.75
2	318.00	0.0118	0.1125	318.12	-669.98
3	348.00	0.0078	1.5559	349.56	+1876.32
					+200.60

- Teniendo en cuenta el dato inicial de que aire recibe 400 kW, realizamos el balance energético:

$$\dot{Q} - \dot{W} = 200.60$$

$$\dot{Q} + 400 = 200.60$$

$$\dot{Q} = 200,60 - 400 = -199.4 \; kW$$

- La potencia calorífica obtenida en el balance es negativa. Esto es, el sistema, es decir la sustancia contenida en la máquina, disipa una potencia calorífica de 199.4 kW.

5.2. Aplicación al caso de fluido incompresible (líquidos) en el estado estacionario

Recordemos la expresión general, para el caso de estado estacionario y en el que en una sección dada la velocidad es contante:

$$\sum_{salidas} \dot{m}_i \left(u_i + gz_i + \frac{v_i^2}{2} + \frac{p_i}{\rho_i} \right) - \sum_{entradas} \dot{m}_i \left(u_i + gz_i + \frac{v_i^2}{2} + \frac{p_i}{\rho_i} \right) = \dot{Q} - \dot{W}$$

Ahora vamos a desarrollar el caso de un volumen de control con una entrada y una salida.

$$\dot{m}_2 \left(u_2 + gz_2 + \frac{v_2^2}{2} + \frac{p_2}{\rho} \right) - \dot{m}_1 \left(u_1 + gz_1 + \frac{v_1^2}{2} + \frac{p_1}{\rho} \right) = \dot{Q} - \dot{W}$$

Como solo hay una entrada y una salida los caudales másicos de entrada (1) y salida (2) son iguales:

$$\dot{m}_1 = \dot{m}_2 = \dot{m}$$

$$\dot{m}\left(u_2 + gz_2 + \frac{v_2^2}{2} + \frac{p_2}{\rho}\right) - \dot{m}\left(u_1 + gz_1 + \frac{v_1^2}{2} + \frac{p_1}{\rho}\right) = \dot{Q} - \dot{W}$$

Suponemos que la sustancia no recibe ni absorbe calor en su movimiento, es decir, la potencia calorífica dQ/dt=0. Por otra parte, consideramos que el fluido no varía su temperatura, esto es su energía interna permanece constante: $u_1= u_2$. Para este caso, tenemos:

$$\dot{m}\left(gz_2 + \frac{v_2^2}{2} + \frac{p_2}{\rho}\right) - \dot{m}\left(gz_1 + \frac{v_1^2}{2} + \frac{p_1}{\rho}\right) = -\dot{W}$$

Dividimos la ecuación anterior por el caudal másico y por la gravedad. Ordenando los términos tenemos:

$$z_1 + \frac{v_1^2}{2g} + \frac{p_1}{\rho g} - \frac{\dot{W}}{\dot{m}g} = z_2 + \frac{v_2^2}{2g} + \frac{p_2}{\rho g} \tag{2.14}$$

Ahora vamos a descomponer la potencia que realiza la sustancia en dos términos. El primero corresponderá a la potencia que reciba o aporte una máquina que haya entre las secciones (1) y (2), y el segundo corresponderá al rozamiento entre el flujo de fluido y las paredes internas del conducto.

En cuanto a la máquina localizada en el volumen de control, ésta puede ser una bomba o una turbina. En el primer caso la bomba está impulsando el fluido y consecuentemente la potencia P_{bomba} será negativa, y así lo incluiremos en la ecuación.

$$\dot{W}_{bomba} = -P_{bomba}$$

Si, por el contrario, fuera una turbina, el fluido movería los álabes de la turbina realizando un trabajo. El eje de la turbina estará acoplado al eje de un alternador que generará electricidad, como es el caso de las centrales hidroeléctricas. En este caso:

$$\dot{W}_{turbina} = P_{eje}$$

Por otra parte, si la fuerza de rozamiento que soporta el fluido en las paredes del conducto es F_{roz}, la potencia correspondiente será el producto escalar de esta fuerza por la velocidad del fluido. Como tienen direcciones opuestas el producto escalar es negativo:

$$\dot{W}_{rozamiento} = \vec{F}_{roz} \cdot \vec{v} = -F_{roz}v$$

Incluyendo estas potencias mecánicas en la ecuación de conservación, tenemos:

$$z_1 + \frac{v_1^2}{2g} + \frac{p_1}{\rho g} + \frac{P_{bomba}}{\dot{m}g} - \frac{F_{roz}v}{\dot{m}g} = z_2 + \frac{v_2^2}{2g} + \frac{p_2}{\rho g}$$

Para evaluar la fuerza de rozamiento consideremos una tensión de fricción τ, la fuerza de rozamiento será la tensión de fricción por el área lateral del conducto sobre el que actúa esta fricción:

$$F_{roz} = \tau\, 2\pi R L$$

Así tenemos,

$$\frac{F_{roz}v}{\dot{m}g} = \frac{F_{roz}Q/S}{\rho Q g} = \frac{\tau\, 2\pi R L}{\rho g S} = \frac{\tau\, 2\pi R L}{\rho g \pi R^2} = \frac{2\tau L}{\rho g R} = \frac{4\tau L}{\rho g D}$$

Sustituyendo en la ecuación de conservación tenemos:

$$z_1 + \frac{v_1^2}{2g} + \frac{p_1}{\rho g} + \frac{P_{bomba}}{\rho g Q} - \frac{\tau L}{\rho g D} = z_2 + \frac{v_2^2}{2g} + \frac{p_2}{\rho g} \tag{2.15}$$

Esta es la ecuación de Bernoulli aplicada a un volumen de control con una entrada y una salida. En este volumen de control hay una bomba de impulsión de líquido y además hay una tensión de rozamiento entre el fluido y las paredes del conducto. La expresión anterior es intuitiva ya que la energía en la sección inicial (1) es incrementada por la energía que proporciona la bomba, pero es disminuida por el rozamiento, y esto da lugar a la energía en la sección final (2).

5.2.1. Ejemplo 19: suministro desde depósito

Desde un gran depósito se suministra un caudal de agua de 50 L/s a través de la bomba y la conducción de tuberías mostrada en la figura. Determinar:

a) Potencia eléctrica de la bomba suponiendo que su rendimiento es del 75%. b) Presiones manométricas en los puntos antes y después de la bomba (a y b).

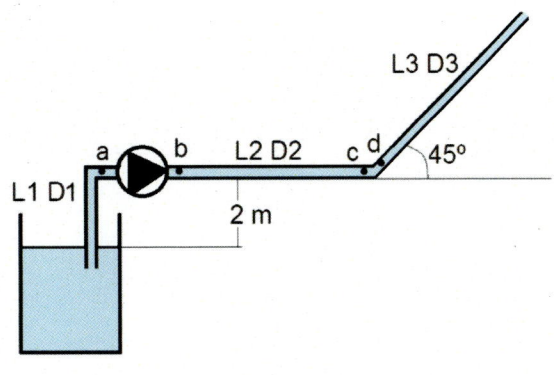

c) Las presiones manométricas en los puntos antes y después del estrechamiento (c y d).

Tensiones de fricción entre la tubería y el fluido para cada tramo: τ_1 = 50 N/m^2; τ_2 = 80 N/m^2; τ_3 = 100 N/m^2. Otros datos: L_1 = 3 m, D_1 = 20 cm; L_2 = 10 m, D_2 = 18 cm; L_3 = 5 m, D_3 = 16 cm.

- a) Potencia de la bomba. Aplicamos Bernoulli entre la superficie libre de líquido del depósito (1) y la salida del tramo 3 (3). Escogemos estos dos puntos porque están a la misma presión (presión atmosférica).

$$\frac{p_1}{\rho g} + \frac{v_1^2}{2g} + z_1 + \frac{\eta P_e}{\rho g Q} - \Delta h_1 - \Delta h_2 - \Delta h_3 = \frac{p_3}{\rho g} + \frac{v_3^2}{2g} + z_3$$

- La pérdida por fricción viene dada por la expresión:

$$\Delta h = \frac{L}{D} \frac{4\tau}{\rho g}$$

- La consideración de "gran depósito" supone que el nivel del mismo se mantiene constante, esto equivale a suponer que la velocidad de los puntos de la superficie libre de líquido es cero, $v_1 = 0$. Por otra parte, consideramos como origen de cotas la superficie libre de líquido, $z_1 = 0$. Y finalmente los puntos iniciales (1) y finales (3) están a la presión atmosférica: $p_1 = p_3$.

$$\frac{\eta P_e}{\rho g Q} - \frac{4\tau_1 L_1}{\rho g D_1} - \frac{4\tau_2 L_2}{\rho g D_2} - \frac{4\tau_3 L_3}{\rho g D_3} = \frac{v_3^2}{2g} + z_3$$

- Ponemos la velocidad en función del caudal $v_3 = Q/S_3 = 4 \cdot Q/(\pi \cdot D^2_3)$;

$$\eta P_e = \left(\frac{4\tau_1 L_1}{D_1} + \frac{4\tau_2 L_2}{D_2} + \frac{4\tau_3 L_3}{D_3} + \rho g z_3 \right) Q + \frac{\rho 8 Q^3}{\pi^2 D_3^4}$$

- Despejando la potencia, sabiendo que z_3 = 2 + L_3 sin (45), tenemos:

$$\frac{\eta P_e}{\rho g Q} - \frac{4\tau_1 L_1}{\rho g D_1} - \frac{4\tau_2 L_2}{\rho g D_2} - \frac{4\tau_3 L_3}{\rho g D_3} = \frac{8Q^2}{g\pi^2 D_3^4} + z_3$$

$$\eta P_e = 4534 \ W$$

$$P_e = 6.045 \ kW$$

- b) Presiones antes y después de la bomba (z_a = z_b = 2m). Aplicamos Bernoulli entre la superficie del depósito (1) y la sección antes de la bomba (a):

$$\frac{p_1}{\rho g} - \Delta h_1 = \frac{p_a}{\rho g} + \frac{v_a^2}{2g} + z_a$$

$$p_a(man) = -\rho g\left(\frac{8Q^2}{g\pi^2 D_1^4} + z_a + \Delta h_1\right) = -23.887\,kPa$$

· Aplicamos Bernoulli entre la superficie del depósito (1) y la sección después de la bomba (b):

$$\frac{p_1}{\rho g} + \frac{\eta P_e}{\rho g Q} - \Delta h_1 = \frac{p_b}{\rho g} + \frac{v_b^2}{2g} + z_b$$

$$p_b(man) = \rho g\left(\frac{\eta P_e}{\rho g Q} - \Delta h_1 - \frac{8Q^2}{g\pi^2 D_2^4} - z_b\right) = 66.787\ kPa$$

· c) Presiones antes y después del estrechamiento ($z_c = z_d = 2m$; $z_3 = 2 + 5$ sin (45) = 5,54m). Aplicamos Bernoulli entre la sección c y el final de la conducción (3):

$$\frac{p_c}{\rho g} + \frac{v_c^2}{2g} + z_c - \Delta h_3 = \frac{p_3}{\rho g} + \frac{v_3^2}{2g} + z_3$$

$$p_c(man) = \rho g\left(\frac{8Q^2}{\pi^2 g D_3^4} + z_3 - \frac{8Q^2}{\pi^2 g D_2^4} - z_c + \Delta h_3\right) = 48.345\ kPa$$

· Aplicamos Bernoulli entre la sección d y el final de la conducción (3), y finalmente obtenemos:

$$\frac{p_d}{\rho g} + \frac{v_d^2}{2g} + z_d - \Delta h_3 = \frac{p_3}{\rho g} + \frac{v_3^2}{2g} + z_3$$

$$p_d(man) = \rho g\left(\frac{8Q^2}{\pi^2 g D_3^4} + z_3 - \frac{8Q^2}{\pi^2 g D_3^4} - z_d + \Delta h_3\right) =$$

$$= \rho g\left(z_3 - z_d + \Delta h_3\right) = 47.184\ kPa$$

FLUJO INTERNO DE FLUIDOS VISCOSOS INCOMPRESIBLES

Denominamos flujo interno al flujo de fluidos dentro de conductos, generalmente tuberías. En este capítulo estudiaremos el flujo de fluidos viscosos incompresibles. En estos fluidos asumimos que su densidad es constante, este es el caso de los líquidos. En este capítulo la fuerza impulsora del fluido será la gravedad; es decir, tendremos el fluido en un depósito y se determinará el caudal de fluido en los tramos de una red de distribución, o bien determinaremos las características de la red de tuberías necesaria para obtener un caudal dado. En el capítulo 4 introduciremos las bombas en la red de distribución. Estas bombas ayudarán a impulsar el fluido, o bien, serán la única causa de su impulsión.

Empezaremos el tema diferenciando el régimen del flujo, y para ello utilizaremos el número de Reynolds. Repasaremos la Ecuación de Bernoulli aplicable a todos los casos de fluidos incompresibles, e incorporaremos en la ecuación las pérdidas producidas por la fricción. Estas pérdidas las clasificamos en dos tipos, las pérdidas debidas a la longitud de tubería, también denominadas pérdidas primaras; y las pérdidas debidas a los accesorios que hay en todas las redes de tuberías (como codos, toberas, etc.), estas son las localizadas o secundarias.

1. Flujo laminar y turbulento. Número de Reynolds

Podemos distinguir dos flujos claramente diferentes: el laminar y el turbulento. En el flujo laminar el movimiento del fluido es ordenado y predecible. Las líneas del campo de velocidades o líneas de corriente son paralelas entre sí. Sin embargo, en el flujo turbulento el movimiento del fluido es caótico; las partículas fluidas se mueven desordenadamente, formando pequeños remolinos periódicos no coordinados que dan lugar a un movimiento global en una dirección determinada.

La comprobación experimental puede hacerse en el laboratorio. En un conducto transparente se tiene un flujo de fluido, en nuestro caso agua destilada. Por el centro de la tubería se hace pasar una fina línea de fluido colorante (en nuestro caso, de color azul) que cae por gravedad desde un pequeño depósito superior. El caudal se regula abriendo y cerrando la válvula de salida del pequeño depósito. Se aumenta el caudal del flujo de agua y se observa el efecto que causa sobre la línea de colorante. Cuando el caudal es cero o muy bajo la línea de colorante se mantiene recta y vertical (figura a). Al aumentar el caudal la línea pierde la verticalidad formando una oscilación transversal al flujo (figura b). Finalmente, cuando se aumenta aún más el caudal de agua, el colorante azul ocupa toda la conducción (figura c).

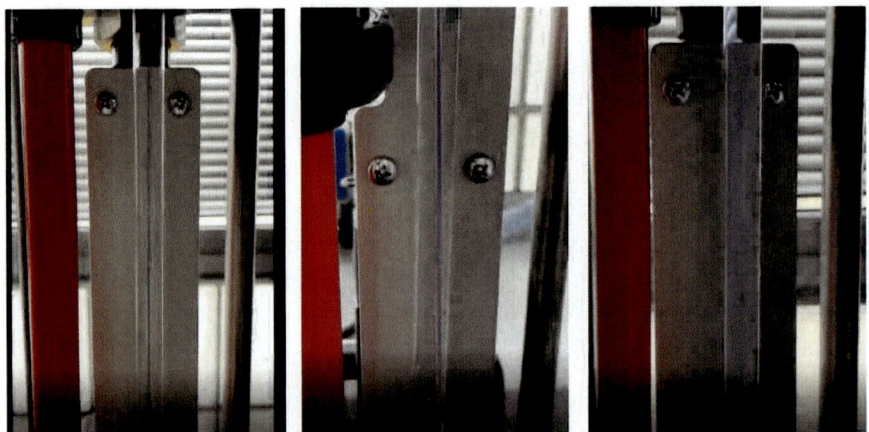

Figura 3.1. Ilustración del flujo turbulento. a) Flujo laminar, b) Flujo transicional, c) Flujo turbulento.

Estos tres tipos de regímenes se denominan respectivamente: laminar, de transición y turbulento. El número de Reynolds es un número adimensional que proporciona un valor cuantitativo sobre el régimen del flujo. Para flujos internos en tuberías de sección circular, el número de Reynolds Re, viene dado por la siguiente expresión:

$$\mathrm{Re} = \frac{\rho v D}{\mu_D} = \frac{v D}{\mu_c} = \frac{4Q}{\mu_c \pi D} \tag{3.1}$$

Donde μ_D es la viscosidad dinámica en Pa·s, μ_c es la viscosidad cinemática en m^2/s, v es la velocidad media del fluido en la sección de la tubería en m/s, Q es el caudal en m^3/s, y D es el diámetro en m. La velocidad media es el caudal dividido por la sección de la tubería.

- Para valores de Re ≤ 2100 el flujo se mantiene estacionario y se comporta como si estuviera formado por láminas delgadas, que interactúan sólo en función de los esfuerzos tangenciales existentes. Por eso a este flujo se le llama flujo laminar. El colorante introducido en el flujo se mueve siguiendo una delgada línea paralela a las paredes del tubo.

- Para valores de 2100 ≤ Re ≤ 3000 la línea del colorante pierde estabilidad formando pequeñas ondulaciones variables en el tiempo, manteniéndose sin embargo delgada. Este régimen se denomina de transición.

- Para valores de Re ≥ 3000, después de un pequeño tramo inicial con oscilaciones variables, el colorante tiende a difundirse en todo el flujo. Este régimen es llamado turbulento, es decir caracterizado por un movimiento desordenado, no estacionario y tridimensional.

En general podemos afirmar que el régimen es laminar para Re < 2000, y es turbulento para Re > 4000.

2. Ecuación de Bernoulli. Coeficiente de energía cinética

Recordemos el Teorema de Transporte de Reynolds aplicado al Principio de Conservación de la Energía. Si no hay variación temporal de la energía del fluido dentro del volumen de control, nos hallamos en situación de estado estacionario, y el Teorema resulta del siguiente modo:

$$\oiint_{SC} \left(u + gz + \frac{v^2}{2} + \frac{p}{\rho} \right) \rho \vec{v} \cdot d\vec{S} = \dot{Q} - \dot{W}$$

Suponemos el caso en el que las temperaturas del fluido en las entradas y salidas son las mismas, es decir la energía interna del fluido u por unidad de masa es constante. Además, suponemos que el fluido no recibe ni produce potencia calorífica dQ/dt = 0. Entonces, la ecuación anterior queda de la forma:

$$\oiint_{SC} \left(gz + \frac{v^2}{2} + \frac{p}{\rho} \right) \rho \vec{v} \cdot d\vec{S} = -\dot{W}$$

En la integral de superficie tenemos los términos correspondientes a la energía potencial, energía cinética y el trabajo de las fuerzas de presión del fluido entrante y saliente al volumen de control. Y en el segundo miembro tenemos el término correspondiente al trabajo realizado (positivo) o soportado (negativo) por el fluido contenido en el volumen de control.

A continuación, desarrollaremos con detalle el término correspondiente a la energía cinética:

$$\int \frac{v^2}{2} \rho \vec{v} \cdot d\vec{S}$$

Si el flujo es laminar y el fluido es ideal (no viscoso), la velocidad del fluido es la misma en toda la sección.

Además, el vector velocidad y el vector sección tendrán la misma dirección; los sentidos serán los mismos si el flujo es saliente y serán contrarios si el flujo es entrante al volumen de control. Para este caso de fluido ideal, la velocidad en todos los puntos de una sección determinada es la misma y podemos extraer la velocidad de la integral:

$$\boxed{\int \frac{v^2}{2} \rho v dS} = \rho v S \frac{v^2}{2} = \rho Q g \frac{v^2}{2} = \boxed{\dot{m} \frac{v^2}{2}} \tag{3.2}$$

Sin embargo, si se trata de un flujo laminar de un fluido viscoso, la velocidad en una sección cualquiera de la conducción dependerá parabólicamente del radio, siendo la velocidad máxima en el eje de la conducción y cero en la superficie interna de la conducción. Para este caso es necesario desarrollar la integral:

$$\int \frac{v^2}{2} \rho v dS = \int_{r=0}^{r=R} \frac{v^2}{2} \rho v 2\pi r dr = \rho\pi \int_{r=0}^{r=R} (2\overline{v})^3 \left(1 - \frac{r^2}{R^2}\right)^3 r dr =$$

$$= \rho\pi 8\overline{v}^3 \int_{r=0}^{r=R} \left(r - 3\frac{r^3}{R^2} + 3\frac{r^5}{R^4} - \frac{r^7}{R^6}\right) dr =$$

$$= \rho\pi 8\overline{v}^3 \left|\frac{r^2}{2} - 3\frac{r^4}{4R^2} + 3\frac{r^6}{6R^4} - \frac{r^8}{8R^6}\right|_{r=0}^{r=R} = \rho\pi R^2 \overline{v}^3 =$$

$$= \rho Q g \cdot 2 \cdot \frac{\overline{v}^2}{2} = \boxed{\dot{m} \cdot 2 \cdot \frac{\overline{v}^2}{2} = \dot{m} \cdot \alpha \cdot \frac{\overline{v}^2}{2}} \tag{3.3}$$

Se define coeficiente de energía cinética al parámetro α de la ecuación anterior. Así cuando se aplica el Teorema de Bernoulli entre dos secciones de una conducción, cuando el flujo va en la dirección desde la sección (1) a la (2), la expresión a utilizar será la siguiente:

$$z_1 + \alpha \frac{v_1^2}{2g} + \frac{p_1}{\rho g} = z_2 + \alpha \frac{v_2^2}{2g} + \frac{p_2}{\rho g} \tag{3.4}$$

En la que el coeficiente de energía cinética tiene el siguiente valor:

· Flujo laminar, fluido no viscoso: $\alpha = 1$

- Flujo laminar, fluido viscoso: $\alpha = 2$

- Flujo turbulento, fluido viscoso: $\alpha \approx 1$ (se comprueba experimentalmente)

Podemos completar esta ecuación, añadiendo además las pérdidas por fricción entre las dos secciones que limitan el volumen de control $\sum \Delta h_i$. también podemos considerar que existe una bomba situada entre las dos secciones que aporta energía. La altura proporcionada por la bomba será H_B. De este modo, obtenemos:

$$z_1 + \alpha \frac{v_1^2}{2g} + \frac{p_1}{\rho g} + H_B - \sum \Delta h_i = z_2 + \alpha \frac{v_2^2}{2g} + \frac{p_2}{\rho g} \tag{3.5}$$

Siendo:

$$H_B = \frac{P_B}{\dot{m}g} = \frac{P_B}{\rho Q g} = \frac{\eta P_e}{\rho Q g}$$

En esta última expresión, P_B es la potencia que la bomba aporta al fluido (potencia hidráulica). Pero como ya anunciamos al principio de este capítulo, las bombas las incluiremos en el capítulo 4.

3. Pérdidas primarias en tuberías longitudinales

Las perdidas primarias son producidas por la fricción entre el fluido y las paredes internas de la conducción. En este curso, utilizaremos la ecuación de Darcy-Weisbach, que es válida para todo tipo de fluido ya sea compresible o incompresible. Las pérdidas serán proporcionales a la longitud de la conducción e inversamente proporcionales al diámetro de la tubería. También son proporcionales a la energía cinética del fluido.

$$\Delta h = \lambda \frac{L}{D} \frac{v^2}{2g} \tag{3.6}$$

En esta expresión L es la longitud de la tubería, D es el diámetro interno, y v es la velocidad media del fluido es decir v = Q/S. El parámetro λ es el coeficiente de pérdidas de Darcy. En general, su valor depende del número de Reynolds y de la rugosidad relativa de la tubería. La rugosidad relativa es la rugosidad absoluta dividida por el diámetro interno de la tubería. En la tabla 3.1 se indican, a modo de ejemplo, algunos valores de rugosidad. Estos valores son orientativos, téngase en cuenta que rugosidad aumenta con el tiempo de uso de la tubería, a causa del desgaste y la corrosión de los materiales.

Tabla 3.1. Valores de rugosidad absoluta

Material	K (mm)
Vidrio	< 0.001 (lisa)
cobre o latón estirado	0.0015
latón industrial	0.025
acero laminado nuevo	0.05
acero laminado oxidado	0.15 a 0.25
acero laminado con incrustaciones	1.50 a 3.00
acero asfaltado	0.015
acero soldado nuevo	0.03 a 0.1
acero soldado oxidado	0.4
hierro galvanizado	0.15 a 0.2
fundición corriente nueva	0.25
fundición corriente oxidada	1 a 1.5
fundición asfaltada	0.12
fundición dúctil nueva	0.025
fundición dúctil usado	0.1
Fibrocemento	0.025
PVC	0.007
cemento alisado	0.3 a 0.8
cemento bruto	hasta 3

Hay muchas fórmulas que se utilizan para determinar estas pérdidas longitudinales. Además de la expresión teórica de Darcy-Weisbach, suelen usarse también las expresiones empíricas de Manning y de Hazen-Williams.

3.1. Coeficiente de fricción de Darcy para el caso de flujo laminar

La velocidad de un fluido viscoso en régimen laminar tiene la forma:

$$v_z(r) = v_0 \left(1 - \frac{r^2}{R^2} \right) = 2\overline{v} \left(1 - \frac{r^2}{R^2} \right)$$

Donde v_0 es la velocidad máxima en la sección, que se corresponde con la velocidad en el eje de la tubería. R es el radio de la tubería. La velocidad media es $\overline{v} = Q / S$. La tensión viscosa en la dirección de la longitud de la tubería (z), será:

$$\tau_{rz} = \mu\left(\frac{\delta v_r}{dz} + \frac{\delta v_z}{dr}\right)_{r=R} = \mu\left(\frac{\delta v_z}{dr}\right)_{r=R} = \mu 2\overline{v}\left(-\frac{2r}{R^2}\right)_{r=R} = -\frac{4\mu\overline{v}}{R}$$

Donde μ es la viscosidad dinámica. La fuerza y potencia de rozamiento serán:

$$F_{roz} = \tau_{rz}2\pi RL = -\frac{4\mu\overline{v}}{R}2\pi RL = -8\mu\overline{v}\pi L$$

$$P_{roz} = F_{roz}\overline{v} = -8\mu\overline{v}^2\pi L$$

La pérdida primaria en unidades de altura, la podemos poner en función del número de Reynolds:

$$\Delta h = \frac{P_{roz}}{\rho Q g} = \frac{8\mu\overline{v}^2\pi L}{\rho\overline{v}\pi R^2 g} = \frac{8\mu\overline{v}L}{\rho R^2 g} = \frac{32\mu\overline{v}L}{\rho D^2 g} = \frac{64\mu}{\rho\overline{v}D}\frac{\overline{v}^2}{2g}\frac{L}{D} = \frac{64}{\text{Re}}\frac{L}{D}\frac{\overline{v}^2}{2g}$$

Comparando la expresión recién obtenida con la expresión de Darcy, podemos deducir el coeficiente de pérdidas de Darcy para el caso de flujo laminar:

$$\lambda = \frac{64}{\text{Re}} \tag{3.7}$$

También podemos determinar la pérdida primaria a partir de la conocida Ecuación de Poiseuille:

$$\Delta p = \frac{8\mu L}{R^2}\overline{v} = \frac{8\mu L}{\pi R^4}Q \qquad \left(Ec.\,Poiseuille\right) \tag{3.8}$$

$$\Delta h = \frac{\Delta p}{\rho g} = \frac{32\mu\overline{v}L}{\rho g D^2}$$

3.2. Coeficiente de fricción de Darcy para el caso de flujo turbulento

Para el caso de flujo turbulento se han propuesto diversas expresiones empíricas para la determinación del coeficiente de fricción de Darcy.

En la tabla 3.2 se indican algunas expresiones en función del régimen de movimiento del fluido:

Tabla 3.2. Coeficientes de fricción para conducción en tuberías (factor de fricción de Darcy-Weisbach)

Tuberías	Régimen	Fórmula	Autor
Lisas y rugosas	Laminar	$$\lambda = \frac{64}{\text{Re}}$$	Poiseulle
Lisas	Turbulento Re<100.000	$$\lambda = \frac{0.316}{\text{Re}^{1/4}}$$	Blasius
Lisas	Turbulento Re<100.000	$$\frac{1}{\sqrt{\lambda}} = 2\log_{10}\left(\text{Re}\sqrt{\lambda}\right) - 0.8$$	Kárman-Prandtl (1° ecuación)
Rugosas	Turbulento (transición)	$$\frac{1}{\sqrt{\lambda}} = -2\log_{10}\left(\frac{k/D}{3.7} + \frac{2.51}{\text{Re}\sqrt{\lambda}}\right)$$	Colebrook
Rugosas	Turbulento (zona final)	$$\frac{1}{\sqrt{\lambda}} = 2\log_{10}\left(\frac{D}{2k}\right) + 1.74$$	Kárman-Prandtl (2° ecuación)

La ecuación de Blasius es utilizada sólo para tuberías que se puedan considerar claramente lisas, como es el caso de conducciones de vidrio, o bien en una aproximación de tubería lisa.

En el resto de casos es conveniente utilizar la ecuación de Colebrook. Debido a la dificultad para obtener directamente el coeficiente de fricción, en su momento se formularon dos simplificaciones; es decir, dos casos particulares de esta ecuación:

- Si la tubería es lisa, su rugosidad se puede considerar nula y la ecuación de Colebrook se transforma en la primera ecuación de Kárman-Prandtl.

- En el segundo caso, se considera un flujo súper-turbulento. En estas circunstancias el número de Reynolds se puede considerar infinito y la ecuación de Colebrook se transforma en la segunda ecuación de Kárman-Prandtl.

Sin embargo, con las calculadoras actuales ya no hay dificultad para resolver la ecuación de Colebrook a partir del conocimiento del número de Reynolds y de la rugosidad relativa.

3.3. Determinación del coeficiente de fricción de Darcy con el diagrama de Moody

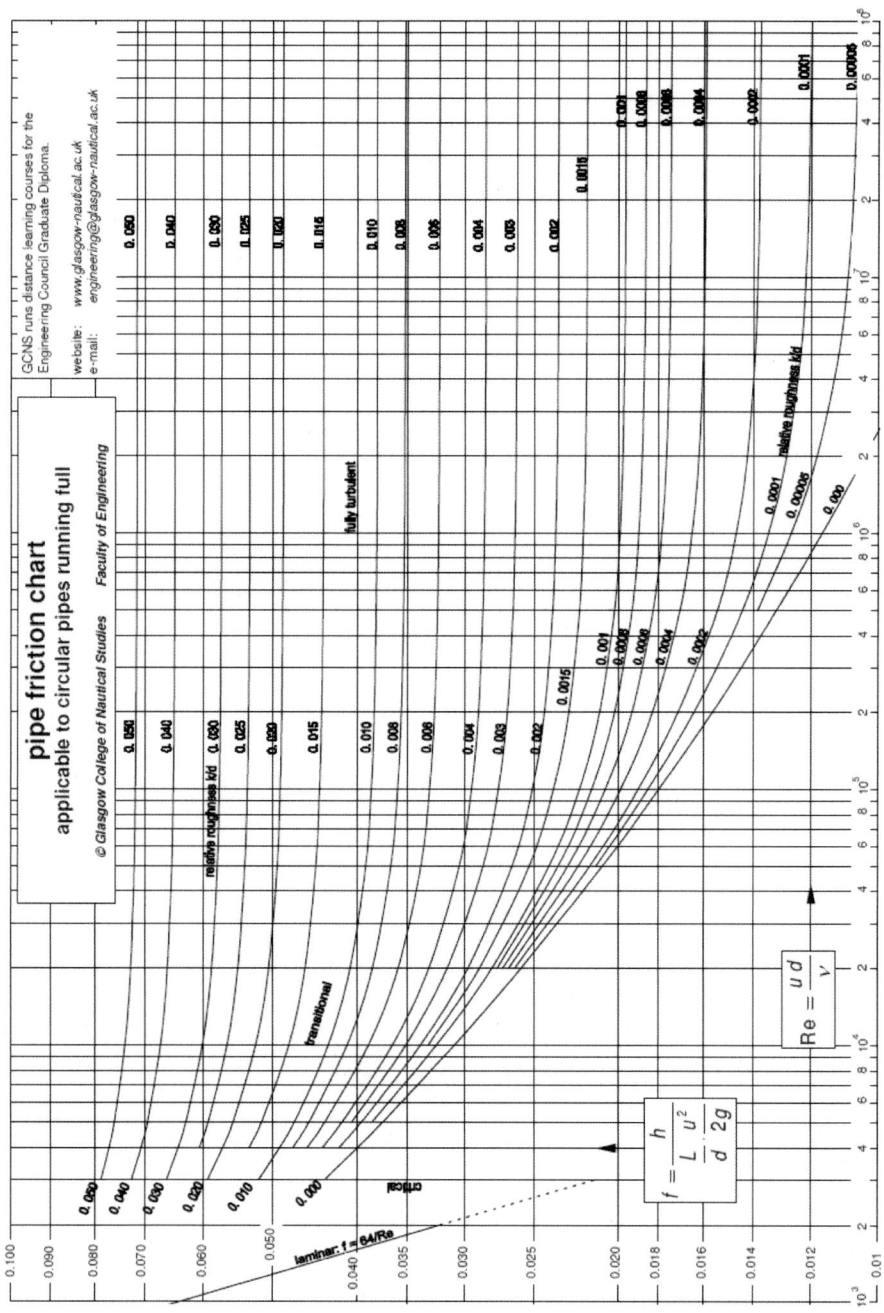

Figura 3.2. Diagrama de Moody (fuente: Glasgow College of National Studies).

El diagrama de Moody, mostrado en la figura 3.2., muestra el factor de fricción de Darcy en función del número de Reynolds y de la rugosidad relativa. El número de Reynolds, en el eje horizontal, está en escala logarítmica. El factor de fricción está en el eje vertical. Se muestran diversas curvas que corresponden a distintas rugosidades relativas de la tubería. Es relevante localizar en la zona izquierda del diagrama el régimen laminar; en el cual el coeficiente de fricción de Darcy es 64/Re.

Por otra parte, el régimen denominado superturbulento es la zona en la cual las curvas que corresponden distintas rugosidades relativas son horizontales, en esta zona el coeficiente de fricción se puede determinar con la segunda ecuación de Kárman-Prandtl.

3.3.1. Ejemplo 20: cálculo de conducción de descarga

Un gran depósito contiene agua (viscosidad cinemática = $10^{-6} m^2/s$) y descarga a través de una tubería de 500 m, de PVC con una rugosidad de 0.0015 mm. La diferencia de altura entre el nivel de agua del depósito y la salida de la tubería es de 50 m. Determine:

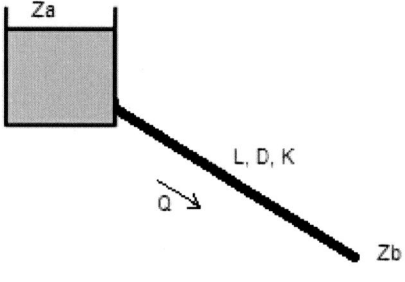

a) El diámetro exacto de la tubería para que el caudal sea de 72 m^3/h.

b) Elija una tubería comercial para que el caudal sea el solicitado con una tolerancia inferior al ± 10%.

Tuberías comerciales de PVC para 6 bar							
D_{ext} (mm)	40	50	63	75	90	110	125	140
Espesor (mm)	1.5	1.6	2.0	2.3	2.8	2.7	3.1	3.5
D_{int} (mm)	37.0	46.8	59.0	70.4	84.4	104.6	118.8	133.0

· Aplicamos Bernoulli entre los puntos (a) y (b).

$$\frac{p_a}{\rho g} + \frac{v_a^2}{2g} + z_a - \Delta h = \frac{p_b}{\rho g} + \frac{v_b^2}{2g} + z_b \quad Ec.1$$

· Al tratarse de un gran depósito $v_a \approx 0$. Además, los puntos (a) y (b) están a la presión atmosférica, es decir $p_a = p_b$. La diferencia de alturas entre los dos puntos es $z_a - z_b = 50$ m. Sustituyendo en la ecuación anterior y poniendo la velocidad en función del caudal tenemos:

$$50 - \lambda \frac{8Q^2 L}{g\pi^2 D^5} = \frac{8Q^2}{g\pi^2 D^4} \qquad Ec.2$$

· El procedimiento de cálculo es iterativo y será el mismo para todos los problemas. Inicialmente, partimos de un valor para el coeficiente de pérdidas de λ = 0.02. A continuación, resolvemos la ecuación de Bernoulli (Ec 2) para determinar el diámetro.

· Con este valor calculamos el número de Reynolds y la rugosidad relativa y, utilizando la ecuación de Colebrook o el diagrama de Moody, determinamos el nuevo valor de λ. Utilizamos este nuevo valor de λ para volver a determinar el diámetro, el número de Reynolds, la rugosidad relativa y el nuevo valor de λ (línea segunda de la tabla adjunta).

· El proceso se repite hasta conseguir que la diferencia entre el coeficiente λ inicial y final sea menor de un valor prefijado. Consideramos una aproximación aceptable cuando coinciden en las tres cifras significativas. Finalmente se obtiene un diámetro D=0.0868 m. El cálculo se hace para el caudal solicitado de 72 m³/h (0.02 m³/s).

Coeficiente de Pérdidas λ	Diámetro (Ec. 2) D (m)	Nº de Reynolds Re=4Q/(μ_cπD)	Rugosidad Relativa $K_r = K/D$	Cálculo de λ (Re, Kr) Ec. Colebrook
0.0200	0.0922	276122	1.6265e-5	0.0149
0.0149	0.0870	292724	1.7243e-5	0.0147
0.0147	0.0868	293509	1.7289e-5	0.0147

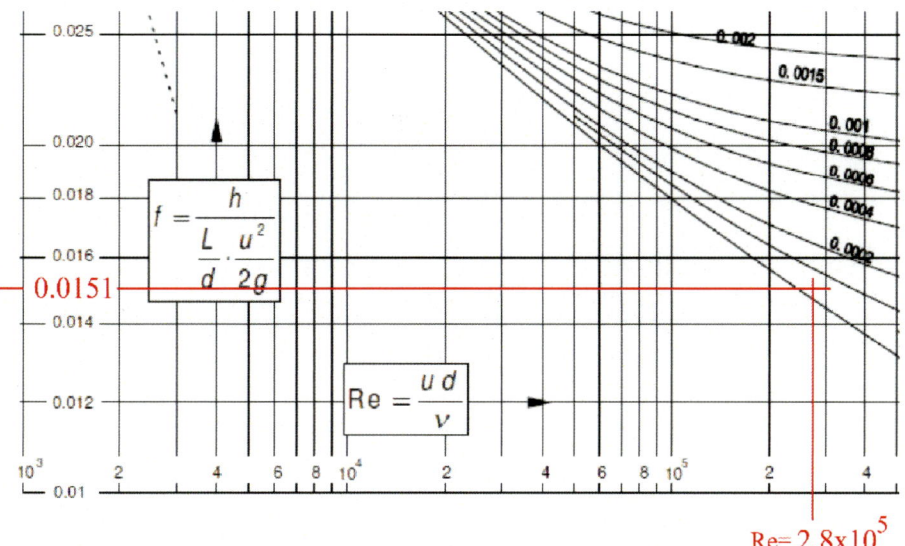

- En la figura anterior se muestra cómo determinar el coeficiente de fricción utilizando el diagrama de Moody. El caso representado corresponde a la primera línea de la tabla del cálculo iterativo (tabla anterior). Para un número de Reynolds Re = 276122 ~ 2.8 x 10^5 y para una rugosidad relativa de 1.6265 x 10^{-5} ~ 0.00002, gráficamente se obtiene un coeficiente de fricción aproximado de 0.0151.

- Solución apartado a). La tubería que cumple los requisitos con exactitud tendría un diámetro interior de D_{int} = 86.8 mm.

- Para el apartado b) determinamos el caudal para los diámetros internos entre los que está comprendido el calculado en el apartado anterior:

D_{ext} (mm)	Espesor (mm)	D_{int} (mm)
90	2.8	84.4
110	2.7	104.6

- Para D_{int} = 84.4 mm, el cálculo iterativo se expone en la siguiente tabla. En este caso el diámetro es conocido y hay que determinar el caudal.

Coeficiente de Pérdidas λ	Caudal (Ec.2) Q (m^3/s)	N° de Reynolds Re=4Q/($\mu_c \pi D$)	Rugosidad Relativa K_r=K/D	Cálculo de λ (Re, Kr) Ec. Colebrook
0.0200	0.0160	241837	1.7773e-5	0.0152
0.0152	0.0184	277040	1.7773e-5	0.0149
0.0149	0.0185	279785	1.7773e-5	0.0148
0.0148	0.0186	280718	1.7773e-5	0.0148

- El cálculo proporciona el caudal de Q = 0.0186 m^3/s para D_{int} = 84.4 mm. El porcentaje de error del nuevo caudal es 100 · (0.0186 – 0.02) / 0.02= – 7 %.

- Para D_{int} = 104.6 mm:

λ	Q (m^3/s)	Re=4Q/($\mu_c \pi D$)	K_r=K/D	Ec. Colebrook
0.0200	0.0274	333329	1.4340e-5	0.0143
0.0143	0.0323	393392	1.4340e-5	0.0139
0.0139	0.0328	398929	1.4340e-5	0.0139

- El caudal obtenido para la tubería de D_{int} = 104.6 mm es Q = 0.0328 m^3/s. El porcentaje de error del nuevo caudal: 100 · (0.0328-0.02) / 0.02 = + 64%.

- Solución apartado b). La tubería que cumple los requisitos es la de D_{int} = 84.4 mm, obteniendo un caudal Q = 0.0186 m^3/h, con un error del -7%.

4. Sistemas de tuberías

Las conducciones pueden estar en serie, en paralelo, con bifurcaciones o una combinación de las anteriores. Para resolver una red de conducciones hay que utilizar la ecuación de conservación de la masa en cada nudo de la red y la ecuación de Bernoulli en cada rama de la red. Definimos nudo al punto donde se unen más de dos tuberías diferentes y rama al tramo de tubería entre dos nudos consecutivos. Una malla es un conjunto de ramas que forman un circuito cerrado. En estas páginas desarrollaremos algunos casos sencillos:

· Tuberías en serie.

· Tuberías en paralelo.

· Bifurcaciones.

· Redes.

4.1. Tuberías en serie

Si tenemos tuberías en serie, el caudal en cada tramo es el mismo, y la pérdida total del conjunto es la suma de las pérdidas de cada tramo que forman la conducción.

$$\Delta h_{Total} = \sum \Delta h_i$$

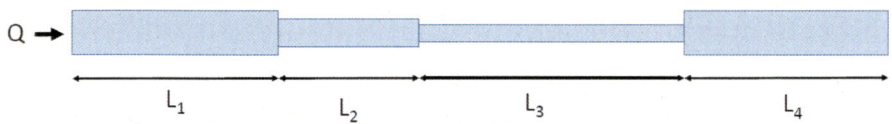

Figura 3.3. Tuberías en serie.

La figura 3.3. representa cuatro tuberías en serie, la pérdida total será la suma de las pérdidas en cada tubería. Tenga en cuenta que los diámetros son diferentes, por ello los números de Reynolds y la rugosidad relativa de cada tramo también lo es, y los coeficientes de pérdidas también serán diferentes. Sin embargo, el caudal es el mismo:

$$\Delta h_{Total} = \lambda_1 \frac{8Q^2 L_1}{g\pi^2 D_1^5} + \lambda_2 \frac{8Q^2 L_2}{g\pi^2 D_2^5} + \lambda_3 \frac{8Q^2 L_3}{g\pi^2 D_3^5} + \lambda_4 \frac{8Q^2 L_4}{g\pi^2 D_4^5}$$

$$\Delta h_{Total} = \frac{8Q^2}{g\pi^2} \left(\lambda_1 \frac{L_1}{D_1^5} + \lambda_2 \frac{L_2}{D_2^5} + \lambda_3 \frac{L_3}{D_3^5} + \lambda_4 \frac{L_4}{D_4^5} \right) \qquad (3.9)$$

4.1.1. Ejemplo 21: descarga con tuberías en serie

Un depósito descarga agua (viscosidad cinemática μ_c = 10^{-6} m^2/s) a través de dos tuberías en serie. La diferencia de cotas entre la superficie libre de agua del depósito y el extremo final de las tuberías es de 50 m. La primera tubería tiene una longitud de 400 m y un diámetro interno de 90 mm, la segunda tubería es de 200 m de largo y 60 mm de diámetro interno. Las tuberías son de PVC (rugosidad: 0.0015 mm). Se pide:

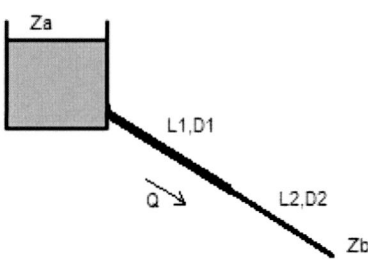

a) El caudal que circula por la conducción.

b) El diámetro de una tubería de PVC de 600 m de longitud, que conduzca el mismo caudal.

- Aplicamos Bernoulli entre los puntos (a) y (b).

$$\frac{p_a}{\rho g}+\frac{v_a^2}{2g}+z_a-\Delta h=\frac{p_b}{\rho g}+\frac{v_b^2}{2g}+z_b \quad Ec.1$$

- Como en el problema anterior, $v_a \approx 0$ y $p_a = p_b$. La diferencia de alturas entre los dos puntos es $z_a - z_b$ = 50 m. Sustituyendo en la Ec.1 y poniendo las velocidades en función del caudal tenemos:

$$50-\lambda_1\frac{8Q^2L_1}{g\pi^2D_1^5}-\lambda_2\frac{8Q^2L_2}{g\pi^2D_2^5}=\frac{8Q^2}{g\pi^2D_2^4} \quad Ec.2$$

- El método de cálculo es similar al usado en el ejemplo 1. Sin embargo, en este caso partimos con dos valores de coeficiente de pérdidas. En general utilizamos el valor de 0.02, por lo que: λ_1 = 0.02 y λ_2 = 0.02. Con estos valores podemos resolver la ecuación de Bernoulli (Ec. 2) y determinar el caudal de la conducción, los números de Reynolds en cada tubería y el nuevo coeficiente de pérdidas para cada tubería. El proceso se repite hasta alcanzar un error aceptable entre los coeficientes iniciales y finales.

λ_1	λ_2	Q (m^3/s)	Re$_1$	Re$_2$	λ_1	λ_2
0.0200	0.0200	0.0096	135710	203565	0.0170	0.0158
0.0170	0.0158	0.0107	151273	226909	0.0166	0.0155
0.0166	0.0155	0.0108	152785	229177	0.0166	0.0154
0.0166	0.0154	0.0108	153165	229748	0.0166	0.0154

- Solución apartado a) al final del proceso iterativo obtenemos el caudal $Q = 0.0108$ m³/s.

- Apartado b). Utilizando la ecuación de Bernoulli:

$$50 - \lambda \frac{8Q^2L}{\pi^2 gD^5} = \frac{8Q^2}{\pi^2 gD^4}$$

- En la siguiente tabla se muestra los cálculos del proceso iterativo:

λ	Q (m³/s)	D (m)	Re	Kr	λ
0.02000	0.0108	0.074709	184060	2.00778e⁻⁵	0.01605
0.01605	0.0108	0.071510	192294	2.09760e⁻⁵	0.01592
0.01592	0.0108	0.071399	192594	2.10087e⁻⁵	0.01592

- Solución apartado b): D = 71.4 mm. Este sería el diámetro exacto para una única tubería de 600 m conduciendo el mismo caudal de 0.0108 m³/s.

4.2. Tuberías en paralelo. Ecuación de malla

Si tenemos tuberías en paralelo, los caudales en cada tramo son diferentes. La solución será aquella que cumpla con las condiciones de conservación de la masa. Un aspecto importante de este tipo de configuraciones es que las pérdidas en cada rama son las mismas. Esto se comprueba aplicando en Teorema de Bernoulli entre los puntos A y B del ejemplo de la figura.

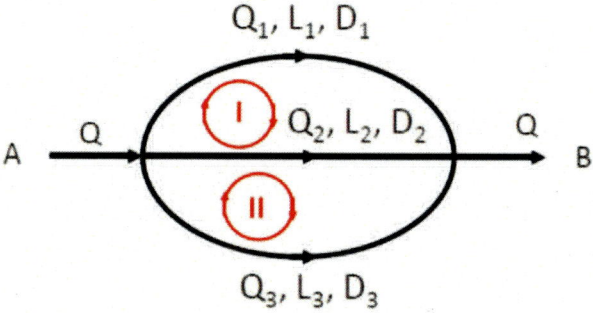

Figura 3.4. Tuberías en paralelo.

La ecuación de continuidad nos dice que:

$$Q = Q_1 + Q_2 + Q_3$$

Por otra parte, aplicamos Bernoulli entre los puntos A y B. Esto lo hacemos por tres caminos diferentes: a través de la tubería superior (línea de corriente roja), a través de la tubería intermedia (línea de corriente verde), o a través de la tubería inferior (línea de corriente amarilla).

$$\frac{p_A}{\rho g} + z_A + \frac{v_A^2}{2g} - \lambda_1 \frac{8Q_1^2 L_1}{g\pi^2 D_1^5} = \frac{p_B}{\rho g} + z_B + \frac{v_B^2}{2g}$$

$$\frac{p_A}{\rho g} + z_A + \frac{v_A^2}{2g} - \lambda_2 \frac{8Q_2^2 L_2}{g\pi^2 D_2^5} = \frac{p_B}{\rho g} + z_B + \frac{v_B^2}{2g}$$

$$\frac{p_A}{\rho g} + z_A + \frac{v_A^2}{2g} - \lambda_3 \frac{8Q_3^2 L_3}{g\pi^2 D_3^5} = \frac{p_B}{\rho g} + z_B + \frac{v_B^2}{2g}$$

Si restamos las dos primeras ecuaciones deducimos:

$$-\lambda_1 \frac{8Q_1^2 L_1}{g\pi^2 D_1^5} + \lambda_2 \frac{8Q_2^2 L_2}{g\pi^2 D_2^5} = 0$$

De igual forma si restamos las dos últimas ecuaciones tenemos:

$$-\lambda_2 \frac{8Q_2^2 L_2}{g\pi^2 D_2^5} + \lambda_3 \frac{8Q_3^2 L_3}{g\pi^2 D_3^5} = 0$$

Finalmente demostramos que los caudales en cada rama deben ser aquellos que hagan que las pérdidas de carga en las tres ramas sean las mismas:

$$\lambda_1 \frac{8Q_1^2 L_1}{g\pi^2 D_1^5} = \lambda_2 \frac{8Q_2^2 L_2}{g\pi^2 D_2^5} = \lambda_3 \frac{8Q_3^2 L_3}{g\pi^2 D_3^5} \tag{3.10}$$

Esto nos lleva afirmar que, en una malla, la suma de las pérdidas de carga debe ser cero. Hay que definir previamente un criterio de signos. Para ello hay que proponer un sentido del flujo en cada rama y después establecer que la pérdida de carga tiene el mismo signo que el caudal. En el ejemplo anterior se tienen dos mallas (I y II) y una ecuación de nudo. Esto nos lleva a plantear tres ecuaciones con tres incógnitas (Q_1, Q_2 y Q_3):

$$\Delta h_1 - \Delta h_2 = 0 \qquad\qquad\qquad malla\ I$$

$$\Delta h_2 - \Delta h_3 = 0 \qquad\qquad\qquad malla\ II$$

$$Q = Q_1 + Q_2 + Q_3 \qquad\qquad Ecuación\ de\ nudo$$

Siendo:

$$\Delta h_1 = \lambda_1 \frac{8Q_1^2 L_1}{g\pi^2 D_1^5} \qquad \Delta h_2 = \lambda_2 \frac{8Q_2^2 L_2}{g\pi^2 D_2^5} \qquad \Delta h_3 = \lambda_3 \frac{8Q_3^2 L_3}{g\pi^2 D_3^5}$$

4.2.1. Ejemplo 22: conducción en tuberías en paralelo

Se tienen dos tuberías de PVC (K = 0.0015 mm) en paralelo de la misma longitud (L = 100 m) pero de diferente diámetro D_1 = 50 mm, D_2 = 90mm. Si el caudal total de agua (μ_c=10⁻⁶m²/s) es de 0.02 m³/s, determine:

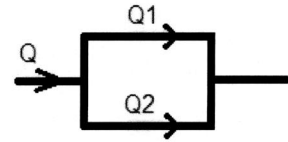

a) El caudal que pasa por cada tubería

b) El diámetro de una tubería equivalente de PVC de la misma longitud y que tenga la misma pérdida de carga.

· Se trata de dos tuberías en paralelo, el caudal en cada tubería serán Q_1 y Q_2, de forma que la suma será Q. Además, las pérdidas primarias en cada tubería son las mismas, es decir:

$$\lambda_1 \frac{8Q_1^2 L_1}{g\pi^2 D_1^5} = \lambda_2 \frac{8Q_2^2 L_2}{g\pi^2 D_2^5} \qquad Q = Q_1 + Q_2 \qquad Ec.1$$

· De estas ecuaciones despejamos Q_1 en función de Q:

$$Q_1 = Q_2 \sqrt{\frac{L_2 \lambda_2 D_1^5}{L_1 \lambda_1 D_2^5}}; \qquad \alpha = \sqrt{\frac{L_2 \lambda_2 D_1^5}{L_1 \lambda_1 D_2^5}}$$

$$Q_1 = \alpha Q_2 = \alpha \left(Q - Q_1 \right)$$

$$Q_1 (1 + \alpha) = \alpha Q$$

$$Q_1 = \frac{\alpha}{1+\alpha} Q \qquad Ec.2$$

· El procedimiento de cálculo iterativo se muestra en la siguiente tabla:

λ_1	λ_2	Q_1 (Ec.2) (m³/s)	$Q_2 = Q - Q_1$ (m³/s)	Re₁	Re₂	λ_1	λ_2
0.0200	0.0200	0.00374047	0.01625953	95250	230025	0.0183	0.0154
0.0183	0.0154	0.00347955	0.01652045	88606	233717	0.0186	0.0153
0.0186	0.0153	0.0034542	0.0165458	87960	234075	0.0186	0.0153

· Resultado apartado a): Q_1=0.0034542 m³/s, Q_2=0.0165458 m³/s, Pérdidas Δh = 5.87 m

· En el apartado b) se pide el diámetro de una tubería que sustituya a las dos tuberías en paralelo y que tenga la misma pérdida, es decir:

$$\Delta h = 5.87 = \lambda \frac{8Q^2 L}{g\pi^2 D^5} ; \quad Q = 0.02\, m^3/s ; \quad L = 100m \quad Ec.3$$

· El procedimiento del cálculo iterativo es el siguiente:

λ	D (m)	Re	λ
0.0200	0.10240346	248671	0.0151
0.0151	0.09684048	262956	0.0150
0.0150	0.09666516	263470	0.0150

· Solución apartado b). El diámetro de la tubería equivalente será 96,7 mm.

4.3. Bifurcaciones

Las ecuaciones que se plantean en redes de tuberías son "no lineales" ya que las incógnitas, que suelen ser los caudales, están elevados al cuadrado. Por esta razón hay que presuponer un sentido al flujo del fluido. En este apartado se van a resolver algunos casos sencillos. En general, en una bifurcación se escriben tres ecuaciones con tres incógnitas que son los caudales. La figura 3.5. muestra el caso de una bifurcación. Se plantean dos ecuaciones de Bernoulli entre las secciones A → B y A → C. Hacemos énfasis en que es recomendable aplicar Bernoulli en el sentido del flujo.

$$\frac{p_A}{\rho g} + z_A + \frac{v_A^2}{2g} - \lambda_1 \frac{8Q_1^2 L_1}{g\pi^2 D_1^5} - \lambda_2 \frac{8Q_2^2 L_2}{g\pi^2 D_2^5} = \frac{p_B}{\rho g} + z_B + \frac{v_B^2}{2g}$$

$$\frac{p_A}{\rho g} + z_A + \frac{v_A^2}{2g} - \lambda_1 \frac{8Q_1^2 L_1}{g\pi^2 D_1^5} - \lambda_3 \frac{8Q_3^2 L_3}{g\pi^2 D_3^5} = \frac{p_C}{\rho g} + z_C + \frac{v_C^2}{2g}$$

$$Q_1 = Q_2 + Q_3$$

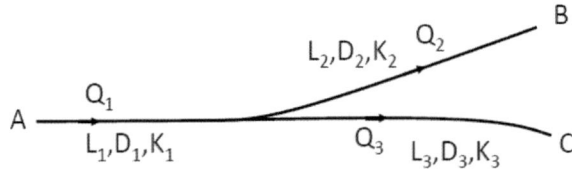

Figura 3.5. Bifurcación.

En estas ecuaciones se deben escoger las secciones A, B y C de manera que se conozcan las presiones del fluido en ellas. Por otra parte, sus velocidades o son conocidas o se deben poner fácilmente en función de los caudales Q_1, Q_2 y Q_3. A continuación se ilustrarán estas recomendaciones con dos ejemplos.

4.3.1. Ejemplo 23: descarga en bifurcación

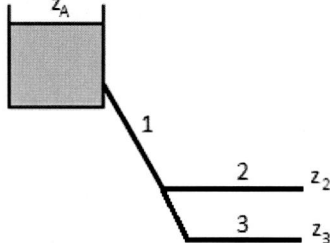

Desde un gran depósito se descarga agua (μ_c=10^{-6}m^2/s) a través del sistema de tuberías de la figura, donde z_A = 50 m, z_2 = 10 m, z_3 = 0 m; D_1 = 60 mm, D_2 = 40 mm, D_3 = 40 mm; L_1 = 150 m, L_2 = 100 m, L_3 = 100m. La rugosidad de las tuberías es de 0.005 mm. Determine:

a) El caudal cuando la tubería 2 está cerrada.

b) El caudal cuando la tubería 3 está cerrada.

c) El caudal en cada rama cuando están abiertas.

· Caso a) Aplicamos Bernoulli entre los puntos a las cotas z_A y z_3

$$\frac{p_A}{\rho g}+\frac{v_A^2}{2g}+z_A-\Delta h_1-\Delta h_3=\frac{p_3}{\rho g}+\frac{v_3^2}{2g}+z_3 \qquad Ec.1$$

· La diferencia de altura entre 2 y 3 es $z_A - z_3$ = 50 m, además: $v_A \approx 0$, p_A = p_3. Sustituyendo en la Ec.1 y poniendo las velocidades en función del caudal:

$$50-\lambda_1\frac{8Q^2L_1}{g\pi^2D_1^5}-\lambda_3\frac{8Q^2L_3}{g\pi^2D_3^5}=\frac{8Q^2}{g\pi^2D_3^4}$$

$$50=Q^2\left(\lambda_1\frac{8L_1}{g\pi^2D_1^5}+\lambda_3\frac{8L_3}{g\pi^2D_3^5}+\frac{8}{g\pi^2D_3^4}\right) \qquad Ec.2$$

· El proceso del cálculo iterativo es el siguiente:

λ_1	λ_3	Q (Ec.2) (m³/s)	Re$_1$	Re$_2$	λ_1	λ_3
0.020000	0.020000	0.005045	107048	160572	0.018193	0.017176
0.018193	0.017176	0.005410	114809	172214	0.017957	0.016983
0.017957	0.016983	0.005441	115464	173197	0.017938	0.016967
0.017938	0.016967	0.005444	115519	173278	0.017936	0.016966
0.017936	0.016966	0.005444	115523	173284	0.017936	0.016966

- Resultado: Q=0.005444 m³/s = 19.5980 m³/h

- Cuestión a resolver ¿Cuál es la presión que marcaría un manómetro situado al final de la tubería 2?

- Caso b) (Tubería 3 cerrada). Aplicamos Bernoulli entre los puntos a las cotas z_A y z_2. La diferencia de alturas entre los dos puntos es $z_A - z_2 = 40$ m, además: $v_A \approx 0$, $p_A = p_2$. La ecuación resultante es:

$$40 = Q^2 \left(\lambda_1 \frac{8L_1}{g\pi^2 D_1^5} + \lambda_2 \frac{8L_2}{g\pi^2 D_2^5} + \frac{8}{g\pi^2 D_2^4} \right) \quad Ec.3$$

- El proceso del cálculo iterativo es el siguiente (para 6 decimales de landa):

λ_1	λ_2	Q (m³/s)	Re_1	Re_2	λ_1	λ_2
0.020000	0.020000	0.004512	95747	143620	0.018583	0.017496
0.018583	0.017496	0.004794	101739	152608	0.018369	0.017320
0.018369	0.017320	0.004819	102257	153386	0.018351	0.017305
0.018351	0.017305	0.004821	102302	153453	0.018349	0.017304
0.01849	0.017304	0.004821	102305	153458	0.018349	0.017304

- Resultado: Q=0.004821 m³/s = 17.3557 m³/h

- Cuestión a resolver ¿Cuál es la presión que marcaría un manómetro situado al final de la tubería 3?

- Caso c) Tuberías 2 y 3 abiertas. Ahora tenemos tres ecuaciones, las dos primeras corresponden a aplicar Bernoulli entre los puntos a las cotas z_A y z_2, y entre las cotas z_A y z_3, la tercera es la ecuación de continuidad:

$$z_A - \Delta h_1 - \Delta h_2 = \frac{v_2^2}{2g} + z_2$$

$$z_A - \Delta h_1 - \Delta h_3 = \frac{v_3^2}{2g} + z_3 \qquad Q_1 = Q_2 + Q_3 \quad Ec.4$$

- Poniendo en función de los caudales:

$$Q_2^2 \left(\frac{\lambda_2 8L_2}{g\pi^2 D_2^5} + \frac{8}{g\pi^2 D_2^4} \right) = z_A - z_2 - \lambda_1 \frac{8Q_1^2 L_1}{g\pi^2 D_1^5}$$

$$Q_3^2 \left(\frac{\lambda_3 8L_3}{g\pi^2 D_3^5} + \frac{8}{g\pi^2 D_3^4} \right) = z_A - z_3 - \lambda_1 \frac{8Q_1^2 L_1}{g\pi^2 D_1^5} \quad Ec.5$$

- De estas ecuaciones despejamos Q_2 y Q_3 en función de Q_1 y llegamos a la ecuación siguiente:

$$Q_1 = \sqrt{\frac{z_A - z_2 - \lambda_1 \dfrac{8Q_1^2 L_1}{g\pi^2 D_1^5}}{\lambda_2 \dfrac{8L_2}{g\pi^2 D_2^5} + \dfrac{8}{g\pi^2 D_2^4}}} + \sqrt{\frac{z_A - z_3 - \lambda_1 \dfrac{8Q_1^2 L_1}{g\pi^2 D_1^5}}{\lambda_3 \dfrac{8L_3}{g\pi^2 D_3^5} + \dfrac{8}{g\pi^2 D_3^4}}} \qquad Ec.6$$

- Procedimiento de cálculo (para cuatro decimales en landa):

λ_1	λ_2	λ_3	Q_1 (Ec.6) (m³/s)	Q_2 (Ec.5) (m³/s)	Q_3=Q_1-Q_2 (m³/s)	λ_1	λ_2	λ_3
0.0200	0.0200	0.0200	0.007092	0.003816	0.004543	0.0171	0.0180	0.0175
0.0171	0.0180	0.0175	0.008371	0.003752	0.004629	0.0166	0.0181	0.0174
0.0166	0.0181	0.0174	0.008421	0.003775	0.004660	0.0166	0.0180	0.0174
0.0166	0.0180	0.0174	0.008425	0.003777	0.004662	0.0166	0.0180	0.0174

- Resultados: Q_1=0.008425 m³/s, Q_2=0.003777 m³/s, Q_3=0.004662 m³/s

- Cuestión a resolver ¿Cuál es la presión manométrica en el punto de unión de las tres tuberías si la altura de ese punto es z=10 m?

$$Tubería\ 1: p(man) = \rho g \left(z_A - z - \Delta h_1 - 8Q_1^2 / \pi^2 g D_1^4 \right) = 203.735\,kPa$$

$$Tubería\ 2: p(man) = \rho g \left(z_A - z - \Delta h_1 - 8Q_2^2 / \pi^2 g D_2^4 \right) = 203.658\,kPa$$

$$Tubería\ 3: p(man) = \rho g \left(z_A - z - \Delta h_1 - 8Q_3^2 / \pi^2 g D_3^4 \right) = 201.293\,kPa$$

4.3.2. Ejemplo 24: Problema de los tres depósitos

Se tienen tres grandes depósitos que contienen agua (μ_c = 10^{-6} m²/s) interconectados con tres tuberías como se muestra en la figura. Determine el caudal que circula por cada tubería.

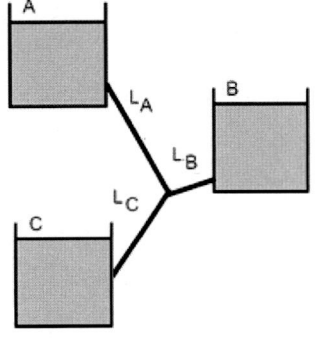

Considere los siguientes datos: z_A = 30 m, z_B = 18 m, z_C = 9 m, L_A = 300 m, L_B = 600 m, L_C = 1200 m, D_A = 1 m, D_B = 0.5 m, D_c = 0.75 m, K_A = 0.02 cm, K_B = 0.1 cm, K_c = 0.075 cm

- Intuitivamente, el fluido saldrá del depósito A y entrará en el depósito C. Sin embargo, queda la duda si entrará o saldrá del depósito B. No podemos afirmar con certeza ninguna de las dos posibilidades. Por tanto, se estudian los dos casos:

- Caso 1. Suponemos que el fluido sale del depósito B.

$$Q_A + Q_B = Q_c \quad Ec.1$$

- Las otras dos ecuaciones las obtenemos aplicando Bernoulli entre los puntos A-C y B-C:

$$z_A - \frac{\lambda_A 8 L_A Q_A^2}{g\pi^2 D_A^5} - \frac{\lambda_C 8 L_C Q_C^2}{g\pi^2 D_C^5} = z_C$$

$$z_B - \frac{\lambda_B 8 L_B Q_B^2}{g\pi^2 D_B^5} - \frac{\lambda_C 8 L_C Q_C^2}{g\pi^2 D_C^5} = z_C \qquad Ec.2$$

- Si definimos los coeficientes α_A, α_B y α_C

$$\alpha_A = \frac{\lambda_A 8 L_A}{g\pi^2 D_A^5}; \quad \alpha_B = \frac{\lambda_B 8 L_B}{g\pi^2 D_B^5}; \quad \alpha_C = \frac{\lambda_C 8 L_C}{g\pi^2 D_C^5}$$

- Despejando Q_A y Q_B de la Ec.2 en función de Q_C, y sustituyendo en la Ec.1:

$$Q_A = \sqrt{\frac{z_A - z_C - \alpha_C Q_C^2}{\alpha_A}} \qquad Q_B = \sqrt{\frac{z_B - z_C - \alpha_C Q_C^2}{\alpha_B}} \qquad Ec.3$$

$$\sqrt{\frac{z_A - z_C - \alpha_C Q_C^2}{\alpha_A}} + \sqrt{\frac{z_B - z_C - \alpha_C Q_C^2}{\alpha_B}} - Q_C = 0 \qquad Ec.4$$

- Si realizamos el procedimiento de cálculo tal y como hemos hecho hasta ahora (tomando valores iniciales de $\lambda_A = \lambda_B = \lambda_C = 0.0200$), obtendremos como resultado valores complejos o que la ecuación no tiene solución. Por tanto, este caso no es válido.

- Caso 2. Suponemos que el fluido entra en el depósito B, es decir:

$$Q_A = Q_B + Q_C \quad Ec.1$$

- Las otras dos ecuaciones las obtenemos aplicando Bernoulli entre los puntos A-B y A-C:

$$z_A - \frac{\lambda_A 8 L_A Q_A^2}{g\pi^2 D_A^5} - \frac{\lambda_B 8 L_B Q_B^2}{g\pi^2 D_B^5} = z_B$$

$$z_A - \frac{\lambda_A 8 L_A Q_A^2}{g\pi^2 D_A^5} - \frac{\lambda_C 8 L_C Q_C^2}{g\pi^2 D_C^5} = z_C \qquad Ec.2$$

· Si definimos los coeficientes α_A, α_B y α_C

$$\alpha_A = \frac{\lambda_A 8 L_A}{g\pi^2 D_A^5}; \quad \alpha_B = \frac{\lambda_B 8 L_B}{g\pi^2 D_B^5}; \quad \alpha_C = \frac{\lambda_C 8 L_C}{g\pi^2 D_C^5}$$

· Despejamos Q_B y Q_C de la Ec.2 en función de Q_A, y sustituimos en la Ec.1.

$$Q_B = \sqrt{\frac{z_A - z_B - \alpha_A Q_A^2}{\alpha_B}} \quad ; \quad Q_C = \sqrt{\frac{z_A - z_C - \alpha_A Q_A^2}{\alpha_C}} \qquad Ec.3$$

$$Q_A - \sqrt{\frac{z_A - z_B - \alpha_A Q_A^2}{\alpha_B}} - \sqrt{\frac{z_A - z_C - \alpha_A Q_A^2}{\alpha_C}} = 0 \qquad Ec.4$$

· Procedimiento de cálculo (para cuatro decimales en landa):

λ_A	λ_B	λ_C	Q_A (Ec.4) (m³/s)	Q_B (Ec.3) (m³/s)	Q_C (m³/s)	λ_A	λ_B	λ_C
0.0200	0.0200	0.0200	2.0619	0.5584	1.5036	0.0141	0.0236	0.0198
0.0141	0.0236	0.0198	2.0654	0.5298	1.5356	0.0141	0.0236	0.0198

· Resultado: Q_A = 2.065431 m³/s, Q_B = 0.529801 m³/s, Q_C = 1.535630 m³/s

· Cuestión a resolver ¿Cuál es la presión en el punto de unión de las tres tuberías si la altura de ese punto es z=15 m? (resolverlo para cada tubería).

4.4. Redes de tuberías

4.4.1. Ejemplo 25: Sistema de distribución

Para explicar el caso de redes de tuberías vamos a considerar el caso particular de la figura. En este caso la red es alimentada por un gran depósito (A), tiene tres nudos, una malla y dos salidas al aire a través de las tuberías B y C.

Al tratarse de un gran depósito la velocidad de su superficie se puede considerar nula. Por otra parte, la superficie del depósito A, y las salidas B y

C están a presión atmosférica, y por tanto sus presiones manométricas son nulas. Antes de empezar a escribir las ecuaciones es necesario dar un sentido a los flujos de cada rama. En la figura están indicados los sentidos.

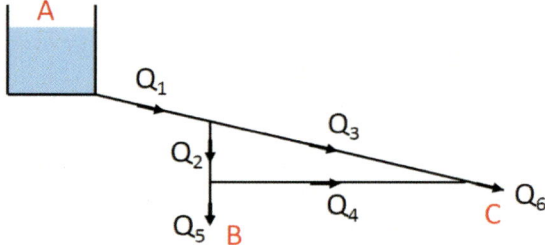

Las ecuaciones son las siguientes. Tres ecuaciones de nudos:

$$Q_1 = Q_2 + Q_3 \quad Q_5 = Q_2 - Q_4 \quad ; \quad Q_6 = Q_3 + Q_4$$

Una ecuación de malla:

$$\Delta h_3 - \Delta h_4 - \Delta h_2 = 0 \quad \rightarrow \quad \lambda_3 \frac{8Q_3^2 L_3}{g\pi^2 D_3^5} - \lambda_4 \frac{8Q_4^2 L_4}{g\pi^2 D_4^5} - \lambda_2 \frac{8Q_2^2 L_2}{g\pi^2 D_2^5} = 0$$

Dos ecuaciones de Bernoulli:

$$z_A - \lambda_1 \frac{8Q_1^2 L_1}{g\pi^2 D_1^5} - \lambda_2 \frac{8Q_2^2 L_2}{g\pi^2 D_2^5} - \lambda_5 \frac{8Q_5^2 L_5}{g\pi^2 D_5^5} = z_B + \frac{8Q_5^2}{g\pi^2 D_5^4}$$

$$z_A - \lambda_1 \frac{8Q_1^2 L_1}{g\pi^2 D_1^5} - \lambda_3 \frac{8Q_3^2 L_3}{g\pi^2 D_3^5} - \lambda_6 \frac{8Q_C^2 L_6}{g\pi^2 D_6^5} = z_C + \frac{8Q_6^2}{g\pi^2 D_6^4}$$

Así tenemos seis ecuaciones con seis caudales a determinar: Q_1, Q_2, Q_3, Q_4, Q_5 y Q_6. La resolución no es inmediata, pues se trata de un sistema de ecuaciones no lineales. Por ello hay que recurrir a algún método numérico. Se ha escogido el método de optimización "fsolve" de MatLab que resuelve sistemas de ecuaciones no lineales. En el Ejemplo 25 se adjunta el programa utilizado para resolver la red de la figura anterior.

· **Programa principal**

```
clear all; clc
global g landa L D zA zB zC
% Datos del problema
mu=1e-6; g=9.81; rho=1000; K=0.005e-3; zA=50; zB=10; zC=0;
L=[150 100 100 10 50 50]; D=[60 40 40 20 10 10]*1e-3;
% Valores iniciales de landa
```

```
n=length(L);R=[ ]; landa=zeros(1,n); landa0=landa+0.02; ee=abs(landa0-
landa);er=1e-5;
% Proceso de cálculo iterativo
while ee(1)>er || ee(2)>er || ee(3)>er || ee(4)>er || ee(5)>er || ee(6)>er
    for i=1:n, landa(i)=landa0(i);end
    x0 = 0.001*ones(1,n); x = fsolve(@red,x0);
    for i=1:n,
       Re=4*x(i)/(mu*pi*D(i));Kr=K/D(i);
       landa0(i)=fsolve(@(landa)
       1/sqrt(landa)+2*log10(Kr/3.7+2.51/(Re*sqrt(landa))),0.02);
    end
    R=[R;[landa  x*1e3]];ee=abs(landa0-landa);
end
% Resultado -------------------------------
disp(num2str(R));[m1 m2]=size(R);
disp('Resultado final'); fprintf('rama  landa    Q (L/s)\n')
for i=1:n;fprintf('%2d %9.4f %10.5f \n',i,R(m1,i),R(m1,i+n)); end
```

· **Función utilizada**

```
function F = red(x)
global g landa L D zA zB zC
for i=1:length(L)
    Dh(i)=landa(i)*8*x(i)^2*L(i)/(g*pi^2*D(i)^5);
End
F(1) = x(1)-x(2)-x(3);
F(2) = x(2)-x(4)-x(5);
F(3) = x(3)+x(4)-x(6);
F(4) = Dh(3)-Dh(2)-Dh(4);
F(5) = zA-Dh(1)-Dh(2)-Dh(5)-zB - 8*x(5)^2/(g*pi^2*D(5)^4);
F(6) = zA-Dh(1)-Dh(3)-Dh(6)-zC - 8*x(6)^2/(g*pi^2*D(6)^4);
```

· Proceso de cálculo:

	Iteración 1	Iteración 2	Iteración 3	Iteración 4
λ_1	0.0200	0.0312	0.0321	0.0322
λ_2	0.0200	0.0337	0.0348	0.0349
λ_3	0.0200	0.0337	0.0347	0.0348
λ_4	0.0200	0.0683	0.0700	0.0701
λ_5	0.0200	0.0252	0.0257	0.0258
λ_6	0.0200	0.0246	0.0251	0.0252
Q_1 (l/s)	0.462	0.415	0.411	0.410
Q_2 (l/s)	0.231	0.207	0.204	0.204
Q_3 (l/s)	0.232	0.209	0.207	0.206
Q_4 (l/s)	0.0124	0.0116	0.0116	0.0116
Q_5 (l/s)	0.219	0.195	0.193	0.192
Q_6 (l/s)	0.244	0.220	0.218	0.218

· Resultado final:

rama	1	2	3	4	5	6
Landa	0.0322	0.0349	0.0348	0.0702	0.0258	0.0252
Q (l/s)	0.41040	0.20399	0.20642	0.01156	0.19243	0.21797

· En este ejercicio se ha propuesto el sentido que parecía más razonable para Q_4 ya que el punto C tiene la cota más baja.

· Pero podría ocurrir que debido a las fricciones el sentido real fuera el contrario. En este caso el programa proporcionaría resultados imaginarios no válidos y habría que reescribir las ecuaciones con el nuevo sentido para el caudal Q_4.

· Si, por ejemplo, mantenemos todos los datos y disminuimos el diámetro D_2 (D_2=20 mm), esto hace que Q_4 cambie de sentido. En el resultado se comprueba que disminuir el diámetro D_2 ha producido una disminución de Q_2 y un aumento de Q_4:

rama	1	2	3	4	5	6
Landa	0.0322	0.0490	0.0296	0.0311	0.0258	0.0252
Q (l/s)	0.40981	0.03269	0.37712	0.15969	0.19238	0.21743

5. Pérdidas secundarias o localizadas

5.1. Coeficiente de pérdidas localizadas

Las pérdidas localizadas son aquellas que se producen en accesorios de la conducción. Estos accesorios son todos los que se han colocado en la red: conexiones, ensanchamientos, estrechamientos, codos, bifurcaciones, válvulas de control de flujo, válvulas anti-retorno, etc. Cada uno de ellos tiene una pérdida de presión determinada que depende de la geometría y de la velocidad del fluido. La expresión de pérdidas localizadas en unidades de altura está dada por la expresión:

$$\Delta h = K \frac{v^2}{2g}$$

Siendo K el coeficiente de pérdida correspondiente al accesorio en cuestión y v la velocidad media en el tramo de conducción. En caso de duda se toma el valor más desfavorable, por ejemplo, si se trata de un estrechamiento se toma la velocidad mayor que corresponde con el diámetro más pequeño. La literatura proporciona infinidad de tablas para diferentes accesorios. En este tema adjuntamos una tabla que se corresponde a accesorios utilizados en una instalación de calefacción mediante radiadores alimentados con agua caliente, estos valores han sido facilitados por Pressman pipe systems.

En la resolución de redes hay que incluir estas pérdidas localizadas en las ramas donde se producen.

Tabla 3.3. Coeficientes de pérdidas localizadas, acoplamientos (fuente: Pressman pipe systems).

Diámetro interno tubo de acero inox, cobre y material plástico		8÷16 mm	18÷28 mm	30÷54 mm	>54 mm
Diámetro del tubo de acero		3/8"÷1/2"	3/4"÷1"	1 1/4"÷2"	>2"
Tipo de resistencia localizada	Símbolo				
Curva estrecha a 90° r/d = 1,5	⌐	2,0	1,5	1,0	0,8
Curva normal a 90° r/d = 2,5	⌐	1,5	1,0	0,5	0,4
Curva larga a 90° r/d > 3,5	⌐	1,0	0,5	0,3	0,3
Curva estrecha en U r/d = 1,5	∩	2,5	2,0	1,5	1,0
Curva normal en U r/d = 2,5	∩	2,0	1,5	0,8	0,5
Curva larga en U r/d > 3,5	∩	1,5	0,8	0,4	0,4
Ampliación		1,0			
Reducción		0,5			

Diámetro interno tubo de acero inox, cobre y material plástico		8 ÷ 16 mm	18 ÷ 28 mm	30 ÷ 54 mm	> 54 mm
Diámetro del tubo de acero		3/8" ÷ 1/2"	3/4" ÷ 1"	1 1/4" ÷ 2"	> 2"
Tipo de resistencia localizada	**Simbolo**				
Derivación simple con T a 90°		1,0			
Confluencia simple con T a 90°		1,0			
Desviación doble con T a 90°		3,0			
Confluencia doble con T a 90°		3,0			
Derivación simple con ángulo inclinado (45° - 60°)		0,5			
Confluencia simple con ángulo inclinado (45° - 60°)		0,5			
Derivación con con curva divisoria		2,0			
Confluencia con curva de llegada		2,0			

Tabla 3.4. Coeficientes de pérdidas localizadas, válvulas (fuente: Pressman pipe systems).

Diámetro interno del tubo de acero inox, cobre y material plastico		8 ÷ 16 mm	18 ÷ 28 mm	30 ÷ 54 mm	> 54 mm
Diámetro exterior del tubo de acero		3/8" ÷ 1/2"	3/4" ÷ 1"	1 1/4" ÷ 2"	> 2"
Tipo de resistencia localizada	**Simbolo**				
Válvula de corte directo		10,0	8,0	7,0	6,0
Válvula de corte inclinada		5,0	4,0	3,0	3,0
Saracinesca de paso reducido		1,2	1,0	0,8	0,6
Saracinesca de paso total		0,2	0,2	0,1	0,1
Válvula de esfera paso reducido		1,6	1,0	0,8	0,6
Válvula de esfera paso total		0,2	0,2	0,1	0,1
Válvula de mariposa		3,5	2,0	1,5	1,0
Valvola antirretorno		3,0	2,0	1,0	1,0
Válvula para emisor térmico directa		8,5	7,0	6,0	—
Válvula para emisor térmico en escuadra		4,0	4,0	3,0	—
Detentor directo		1,5	1,5	1,0	—
Detentor en escuadra		1,0	1,0	0,5	—
Válvula de cuatro vías		6,0		4,0	
Válvula de tre vías		10,0		8,0	
Paso a través de radiador		3,0			
Paso a través de caldera de suelo		3,0			

5.1.1. Ejemplo 26: descarga con válvula

De un gran depósito descarga agua ($\mu_c=10^{-6}m^2/s$) a través de una tubería de PVC (K = 0.0015 mm, L=500 m). La diferencia de cotas entre la superficie libre de líquido del depósito y la salida de la conducción es de 50 m. Considere pérdidas a la salida brusca del depósito considerando que la tubería se introduce 1 cm en el depósito. Con la finalidad de ajustar el caudal, al final de la conducción se dispone de una válvula macho. Se pide escoger el diámetro de una tubería de PVC, y el ángulo que se debe girar en la válvula macho de forma que el caudal sea Q = 0.02 m³/s.

Tuberías comerciales de PVC para 6 bar								
D_{ext} (mm)	40	50	63	75	90	110	125	140
Espesor (mm)	1.5	1.6	2.0	2.3	2.8	2.7	3.1	3.5
D_{int} (mm)	37.0	46.8	59.0	70.4	84.4	104.6	118.8	133.0

Se adjunta una tabla correspondiente al coeficiente de pérdidas secundarias (ζ) para el caso de salida brusca de depósito, en función de la Longitud (l) del segmento de tubería que penetra en el depósito, del espesor de la tubería (δ) y del diámetro interno (d) de la tubería.

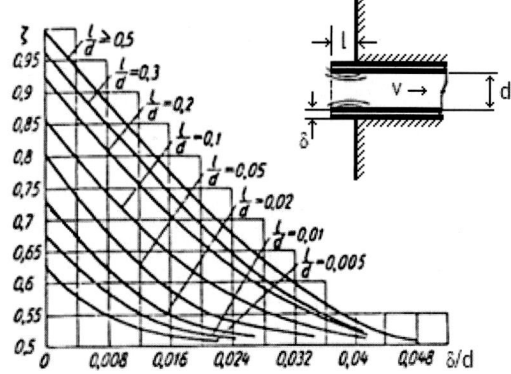

Se adjunta también una tabla que muestra el coeficiente de pérdidas secundarias (ζ) en función del ángulo (φ) de cierre de una válvula macho:

Coeficiente de pérdidas secundarias (ζ) en función del ángulo (φ) de cierre de una válvula macho							
φ	5°	10°	15°	20°	25°	30°	40°
ζ	0.05	0.29	0.75	1.56	3.10	5.47	17.3
φ	45°	50°	60°	65°	70°	90°	
ζ	31.2	52.6	206	486	-	∞	

· Resolución del problema. En primer lugar, determinamos el diámetro para tener un caudal de 0.02 m³/s. Para ello sólo consideraremos las pérdidas primarias y escogemos la tubería comercial de mayor diámetro interno.

- Aplicamos Bernoulli entre la superficie libre de agua del depósito y la salida de la tubería, teniendo en cuenta que la velocidad en la superficie del depósito es 0 y que las presiones en los dos puntos escogidos es la misma:

$$50 - \lambda \frac{8Q^2 L}{g\pi^2 D^5} = \frac{8Q^2}{g\pi^2 D^4} \qquad Ec.1$$

- Resolución mediante cálculo iterativo para Q = 0.02 m³/s:

Coeficiente de Pérdidas λ	Diámetro (Ec.1) D (m)	N° de Reynolds Re=4Q/($\mu_c\pi$D)	Rugosidad Relativa K_r = K/D	Cálculo de λ(Re, Kr) Ec. Colebrook
0.0200	0.0922	276122	1.6265e-5	0.0149
0.0149	0.0870	292724	1.7243e-5	0.0147
0.0147	0.0868	293509	1.7289e-5	0.0147

- Solución: D = 86.8 mm para Q = 0.02 m³/s

- Escogemos la tubería de 110 mm, con D_{int} = 104.6 mm, espesor de la tubería: δ = 2.7 mm. El enunciado dice que la tubería penetra 1 cm en el depósito: l = 10mm, luego:

$$\frac{\delta}{D_{int}} = \frac{\delta}{d} = \frac{2.7}{104.6} = 0.026$$

$$\frac{l}{D_{int}} = \frac{l}{d} = \frac{10}{104.6} = 0.096$$

- Con estos valores miramos en la tabla correspondiente al coeficiente de pérdidas secundarias, y obtenemos: ξ (salida depósito) = 0.565.

- Para Q=0.02 m³/s y D = 104.6 mm, determinados el número de Reynolds y el coeficiente de pérdidas primarias (utilizando la ecuación de Colebrook):

$$Re = \frac{4Q}{\mu_c \pi D} = 243449$$

$$Kr = K/D = 1.434 \cdot 10^{-5}$$

$$\lambda = \lambda(Re, Kr) = 0.0152$$

- Aplicamos Bernoulli teniendo en cuenta todas las pérdidas (primaria y secundarias)

$$50 - \lambda \frac{8Q^2 L}{g\pi^2 D^5} - \xi_{salida\ depósito} \frac{8Q^2}{g\pi^2 D^4} - \xi_{svávula} \frac{8Q^2}{g\pi^2 D^4} = \frac{8Q^2}{g\pi^2 D^4}$$

- Todos los parámetros son conocidos excepto $\xi_{válvula}$. Sustituyendo valores obtenemos que $\xi_{válvula}$ = 106.9.

- Miramos la parte de la tabla de la válvula donde ponemos interpolar este valor:

Ángulo	ϕ	50°	ϕ	60°
Coeficiente de pérdidas	ξ	52.6	106.9	206

- Hacemos una interpolación lineal y obtenemos el ángulo para que el caudal sea de 0.02 m³/s

$$\frac{\phi - 50}{60 - 50} = \frac{106.9 - 52.6}{206 - 52.6}$$

$$\boxed{\phi = 53.5°}$$

5.2. Longitud equivalente para determinar pérdidas localizadas

Para la determinación de las pérdidas localizadas se suele utilizar un método alternativo que consiste en sustituir la pérdida del accesorio por una pérdida longitudinal. Es decir, sustituir el accesorio por un tramo de tubería con una longitud denominada "equivalente" y que se determina con la gráfica adjunta (figura 3.7). En la gráfica se indican los accesorios (a la izquierda), la longitud equivalente en metros y los diámetros de las tuberías en milímetros a la derecha.

Como ejemplo de aplicación mostramos el caso de un codo a 90° de una tubería de 25 mm de diámetro interno. Unimos dos puntos de la gráfica, el primero se corresponde con el accesorio (en la zona izquierda de la gráfica) y el segundo al diámetro interno de la tubería (en la zona derecha de la gráfica). Esta recta corta la línea que indica la longitud equivalente de la tubería (ver línea roja de la siguiente figura). Para este caso la longitud equivalente es de 1.25 m. Entonces se sustituirá el accesorio por un tramo de tubería recta de esta longitud con la rugosidad del material del accesorio y con el diámetro correspondiente. Cuando hay duda se escoge la opción más desfavorable, por ejemplo, en el caso de un estrechamiento se coge el diámetro más pequeño.

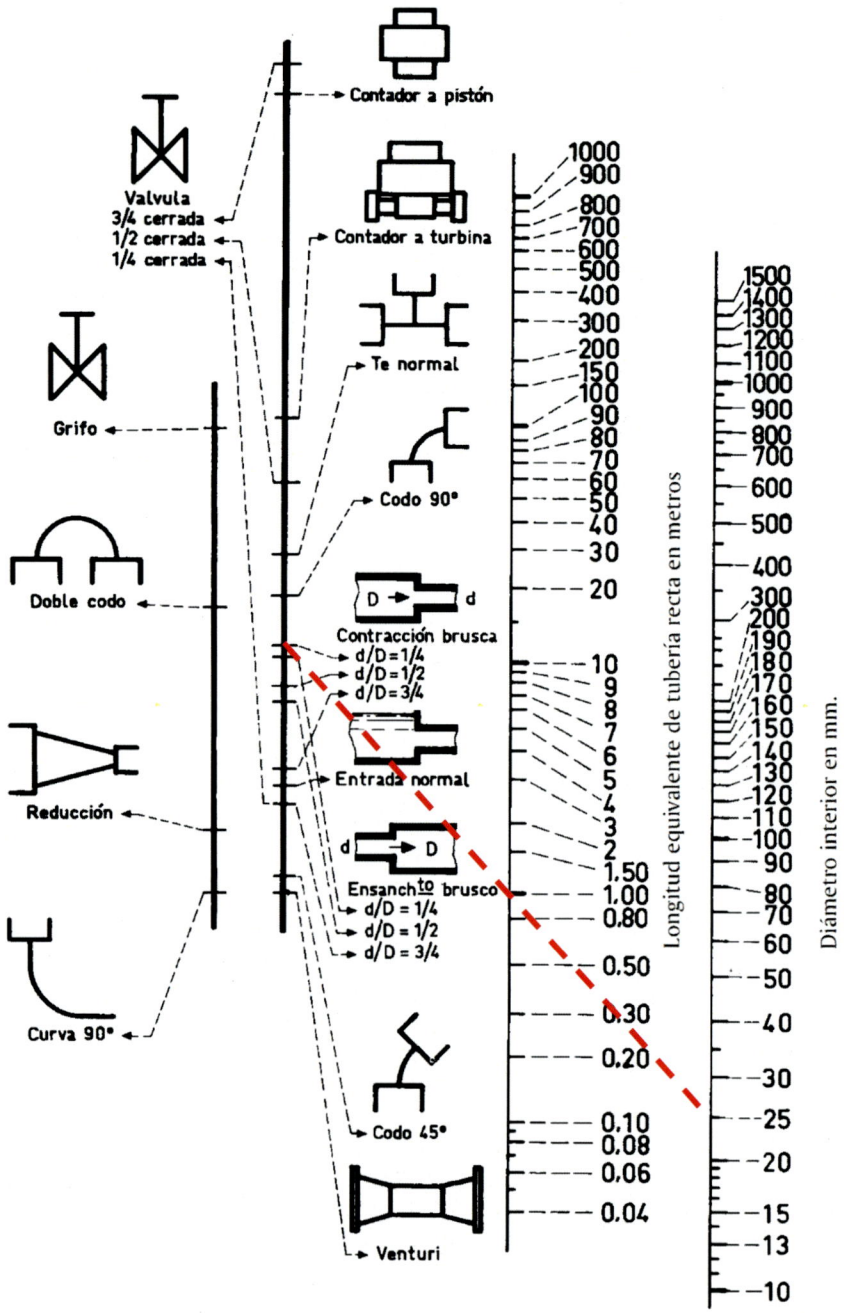

Figura 3.6. Diagrama de longitudes equivalentes. Aplicación para un codo a 90° y un diámetro interno de 25 mm, representado por la línea roja (fuente: tubos Saenger).

CAPÍTULO 4
IMPULSIÓN DE LÍQUIDOS. BOMBAS CENTRÍFUGAS Y VOLUMÉTRICAS

IMPULSIÓN DE LÍQUIDOS. BOMBAS CENTRÍFUGAS Y VOLUMÉTRICAS

En este capítulo estudiaremos redes que incluyen, además de depósitos, bombas de impulsión. Las bombas para impulsar líquidos se clasifican en dos grandes grupos: las bombas centrífugas y las bombas volumétricas. Para uso general de transporte de líquidos se utilizan las bombas centrífugas. Sin embargo, para aplicaciones especiales en los que se requiere un caudal muy preciso o altas presiones se usan las bombas volumétricas. El desarrollo de este capítulo tiene tres apartados claramente diferenciados, en el primero se explicará la curva característica de una instalación y en los siguientes se tratarán las bombas centrífugas y las bombas volumétricas.

1. Curva característica de una instalación

Cuando se diseña una instalación, se calcula a partir de la demanda de fluido necesaria en cada lugar y uso. El uso puede ser muy variado y en cada caso los criterios son diferentes. En usos industriales la demanda de líquido viene impuesta por el proceso de producción. En un edificio de viviendas se calculan los gastos por vivienda: el gasto de los diferentes puntos de uso (cocina, baños, etc.), por ejemplo, el caudal medio de uso de una ducha es de 0.2 L/s. En la práctica, se aplican coeficientes de simultaneidad y se hace una estimación de los caudales en cada rama de la red. Se eligen los diámetros de acuerdo con ciertos criterios, por ejemplo, en el caso de agua para uso doméstico, se recomienda que la velocidad media de la conducción no supere 3 m/s.

Finalmente se tiene una instalación fija que hay que conectar a un suministro de fluido. Este suministro puede ser un gran depósito con el apoyo de un grupo motobomba como es el caso de la figura 4.1. En este sencillo ejemplo en el que sólo hay un suministro, se define la curva característica de la instalación como la relación que existe entre el caudal suministrado por dicho grupo (Q_B) y la altura (H_B) que debería proporcionar el grupo motobomba para conseguir dicho caudal. La altura de la bomba es la potencia que recibe el fluido en términos de altura: $H_B = P_B / (\rho Q_B g)$.

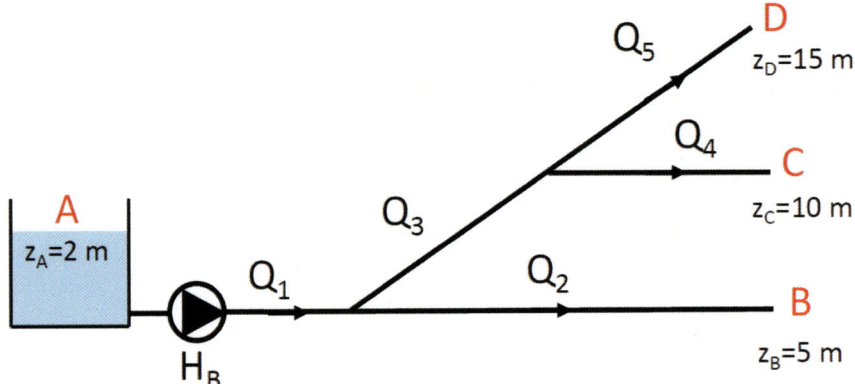

Figura 4.1. Grupo motobomba para la distribución de fluido a tres cotas diferentes.

Para determinar la curva característica hay que resolver la red cuando está en funcionamiento. En el caso de la figura 1 hay cinco caudales (Q_1, Q_2, Q_3, Q_4 y Q_5) y son necesarias cinco ecuaciones:

En primer lugar, las ecuaciones de nudos:

$$Q_1 = Q_2 + Q_3$$
$$Q_3 = Q_4 + Q_5$$

Las ecuaciones de Bernoulli entre $A \rightarrow B$, $A \rightarrow C$ y $A \rightarrow D$. En estas ecuaciones hay que incluir las pérdidas primarias y secundarias (sec) de cada tramo:

$$z_A + H_B - \lambda_1 \frac{8Q_1^2 L_1}{\pi^2 g D_1^5} - \lambda_2 \frac{8Q_2^2 L_2}{\pi^2 g D_2^5} - \sum_{\text{sec}} \Delta h_{A \rightarrow B} = z_B + \frac{8Q_2^2}{\pi^2 g D_2^4}$$

$$z_A + H_B - \lambda_1 \frac{8Q_1^2 L_1}{\pi^2 g D_1^5} - \lambda_3 \frac{8Q_3^2 L_3}{\pi^2 g D_3^5} - \lambda_4 \frac{8Q_4^2 L_4}{\pi^2 g D_4^5} - \sum_{\text{sec}} \Delta h_{A \rightarrow C} = z_C + \frac{8Q_4^2}{\pi^2 g D_4^4}$$

$$z_A + H_B - \lambda_1 \frac{8Q_1^2 L_1}{\pi^2 g D_1^5} - \lambda_3 \frac{8Q_3^2 L_3}{\pi^2 g D_3^5} - \lambda_5 \frac{8Q_5^2 L_5}{\pi^2 g D_5^5} - \sum_{\text{sec}} \Delta h_{A \rightarrow D} = z_D + \frac{8Q_5^2}{\pi^2 g D_5^4}$$

Para determinar la curva característica se calcula la instalación para distintos valores de H_B. Es decir, se resuelve el sistema anterior para diferentes valores de H_B.

Debido a las diferentes alturas de las salidas A, B y C, el comportamiento de la instalación es diferente para cada tramo de valores de H_B. En el ejemplo mostrado, para valores de H_B entre 3 y 8 m sólo sale fluido por la salida B (tramo 1 de la figura 4.2). A partir de $H_B = 8.1$ m el fluido sale por las salidas B y C (tramo 2 de la figura 4.2). Finalmente, a partir de $H_B = 13.4$ m, el fluido sale por las tres salidas (tramo 3 de la figura 4.2).

La curva mostrada abajo representa los valores del caudal de la bomba para cada caso. En este ejemplo el fluido es agua y se han considerado tuberías de PVC (rugosidad K = 0.005 mm) con los siguientes diámetros internos: $D_1 = 100$ mm, $D_2 = 40$ mm, $D_3 = 60$ mm, $D_4 = D_5 = 40$ mm. Las longitudes consideradas son: $L_1 = L_2 = L_4 = L_5 = 100$ m y $L_3 = 10$ m. No se han considerado pérdidas localizadas o secundarias.

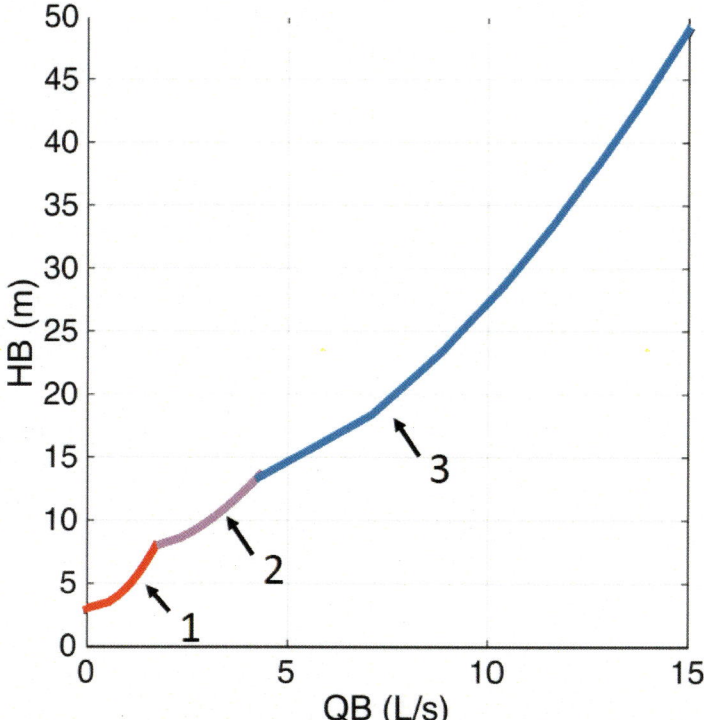

Figura 4.2. Curva característica de la instalación de la Figura 4.1. Suministro sólo a la cota B (zona 1), sólo a la cota B y C (zona 2), y a las cotas B, C y D (zona 3).

En resumen, la curva característica de una instalación representa cómo se comporta la instalación en función de la potencia que una bomba impulsora proporciona al fluido. En esta curva característica se representa la altura aportada por la bomba en función del caudal que proporciona la misma. También se puede representar el incremento de presión ($\Delta P_B = \rho g H_B$) aportado por la bomba en función del caudal Q_B.

1.1. Ejemplo 27: curva característica de una instalación

Dada la instalación de la figura, determine la curva característica de la instalación (H_B – Q_B) hasta Q = 0.03 m^3/s. Suponga una diferencia de altura entre la superficie libre de líquido del gran depósito al extremo de la conducción de 30 m. La tubería tiene un diámetro interno de 65 mm, y una longitud de 100 m, y la rugosidad de la tubería es de 0.005 mm. El fluido es agua (μ_c = 10^{-6} m^2/s).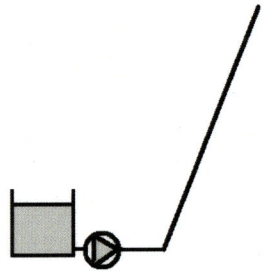

- Para determinar la curva característica se aplica Bernoulli entre los puntos inicial y final de la instalación. Se escogen estos dos puntos ya que, al estar a la presión atmosférica, se eliminan los términos de presión en la ecuación de Bernoulli y su resolución resulta más sencilla.

$$z_1 + H_B - \lambda \frac{8Q^2 L}{g\pi^2 D^5} = z_2 + \frac{8Q^2}{g\pi^2 D^4} \rightarrow H_B - \lambda \frac{8Q^2 L}{g\pi^2 D^5} = 30 + \frac{8Q^2}{g\pi^2 D^4}$$

- Determinamos H_B para cada valor del caudal resolviendo esta ecuación desde 0 hasta 0.03 m^3/s. Posteriormente representamos los valores en una gráfica y obtenemos de este modo, la curva característica de la instalación:

Q (m^3/s)	Re = 4Q/($\mu_c\pi$D)	Kr = K/D	λ (Re, Kr)	HB (m) Ec.1
0.000	--	--	--	30.0
0.005	97942	7.6923e-05	0.0185	33.4
0.010	195883	7.6923e-05	0.0163	42.1
0.015	293825	7.6923e-05	0.0153	55.5
0.020	391766	7.6923e-05	0.0146	73.6
0.025	489708	7.6923e-05	0.0142	96.1
0.030	587649	7.6923e-05	0.0139	123.1

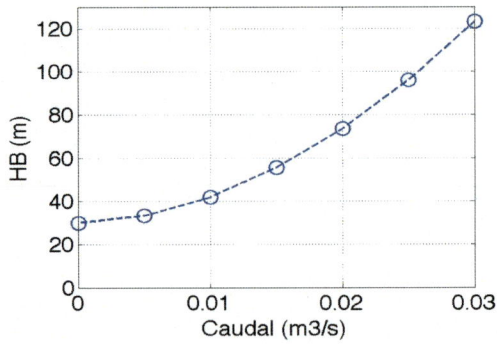

2. Bombas centrífugas

Una bomba centrífuga es una máquina impulsora de líquido que consta de un motor y una turbina. El motor, generalmente eléctrico, mueve la turbina. El rodete (parte móvil de la turbina) impulsa el fluido. La figura 4.3 muestra dos bombas en las que se distingue claramente el motor y la turbina. En ambas, la entrada de fluido es por el eje central de la turbina y la salida es vertical.

Figura 4.3. Bomba centrífuga horizontal en bancada y bomba centrífuga monoblock (fuente: izquierda: bombas Xylem, derecha: bombas Timsa).

Las partes de una turbina son el conducto de aspiración (parte 1 de la figura 4.4), el rodete (parte 2 de la figura 4.4), la caja espiral o caracol (parte 3 de la figura 4.4), el conducto de salida (parte 4) y el árbol del rodete (parte 5) que conecta con el motor. El fluido entra por el centro, y es empujado por el rodete. Como consecuencia de la forma del rodete, el fluido adquiere una trayectoria centrífuga y de este modo, abandona la turbina por la periferia. En la figura está marcada la trayectoria absoluta de una partícula de fluido en el interior de la turbina (línea de puntos amarillos de la figura 4.4).

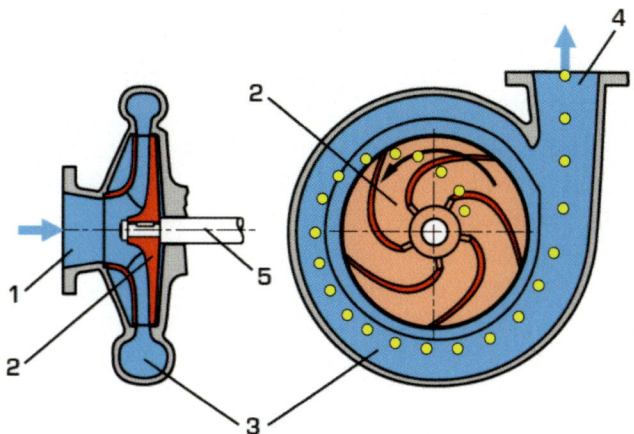

Figura 4.4. Partes de la turbina de una bomba centrífuga: admisión (1), rodete (2), caracol (3), salida (4), árbol motriz (5) (fuente: catálogo Gunt HM283).

El funcionamiento de una bomba centrífuga se explica con la ecuación de Euler. A partir de esta ecuación, del régimen de revoluciones del rodete y de su geometría se puede predecir el caudal en función la potencia que el motor comunica al fluido. Habiendo realizado un diseño eficiente a partir de los cálculos pertinentes, se construyen prototipos y se comprueban experimentalmente. El estudio experimental del funcionamiento de la bomba da lugar a la denominada "curva característica de una bomba" que el fabricante siempre proporciona junto con la bomba ofertada.

Esta curva característica de la bomba nos proporciona información sobre cómo va a funcionar la bomba en función de las solicitaciones a las que esté sometida.

2.1. Curva característica de una bomba centrífuga

La curva característica de una bomba es proporcionada por el fabricante de dos formas: mediante una representación gráfica de las curvas de altura proporcionada por la bomba en función del caudal suministrado, o bien con una tabla de dichos valores.

En la figura 4.5 se muestran las curvas características de una serie de bombas ofertadas por un fabricante (https://www.bombasideal.com/catalogo).

Se trata de bombas centrífugas preparadas para operar a 2900 rpm de la serie 32 – 16. En la gráfica, las curvas azules corresponden a la serie de bombas monobloc GNI y las curvas negras a la serie de bombas horizontales RNI.

En las curvas azules, la potencia nominal del motor eléctrico de cada bomba es de 1.5, 2.2, 3.0 y 4.0 kW (2, 3, 4 y 5.5 CV).

En la gráfica se incluyen unas curvas adicionales en las que se indican los rendimientos (en %), el NPSH-r (en metros), y la potencia eléctrica consumida en kW en función del caudal suministrado. El significado del parámetro NPSH-r lo veremos en el punto 3.4.

La segunda forma de proporcionar la curva característica de una bomba es mediante una tabla de valores. En la tabla adjunta se muestra el caso de un grupo de bombas centrífugas que incluye las mostradas en la gráfica anterior (Figura 4.6). En esta tabla se indican los modelos, la potencia nominal del motor eléctrico, la tabla de caudales y altura proporcionada por la bomba al fluido (agua). La potencia del motor se indica en kW y en CV, los caudales en m^3/h y L/min, y la altura en metros.

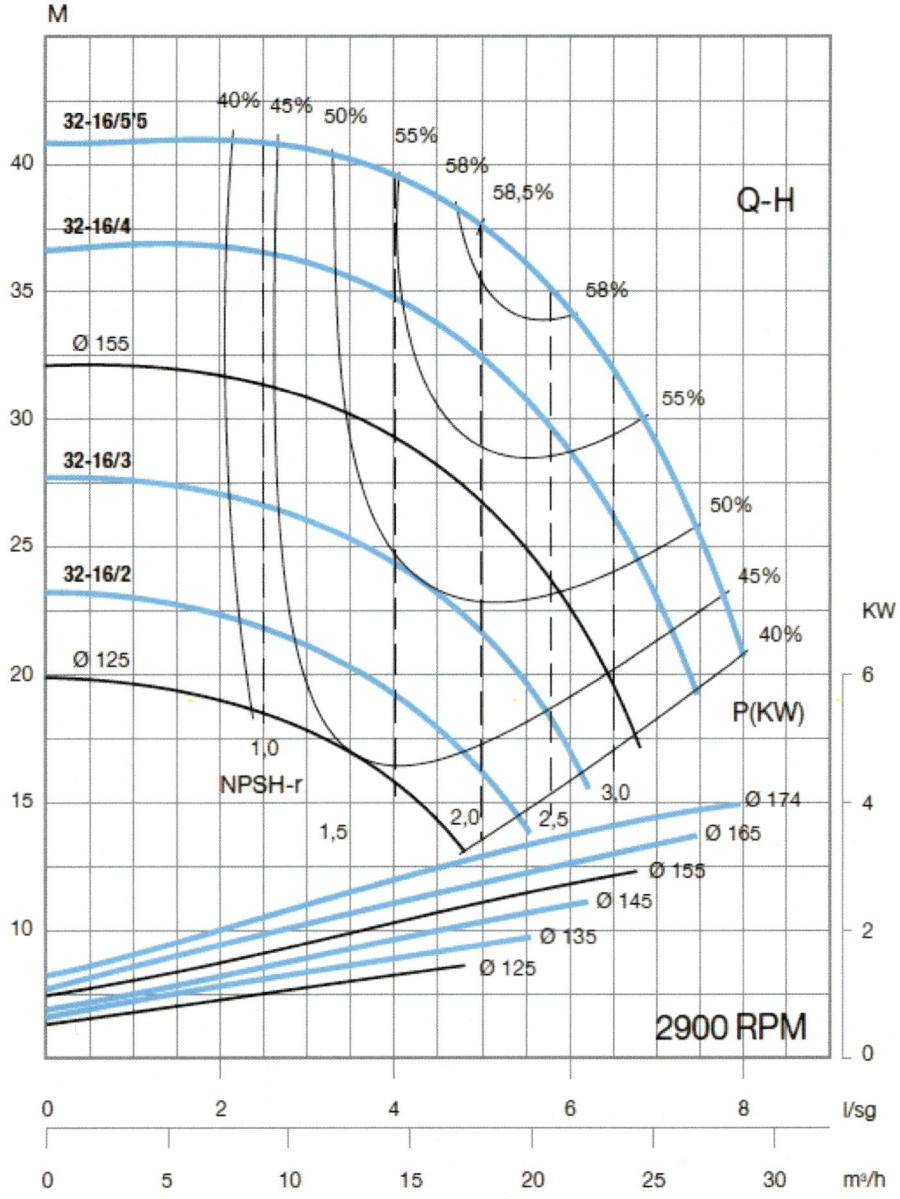

Figura 4.5. Curva característica de una serie de bombas centrífugas (fuente: bombas Ideal, serie GNI/RNI 80-20).

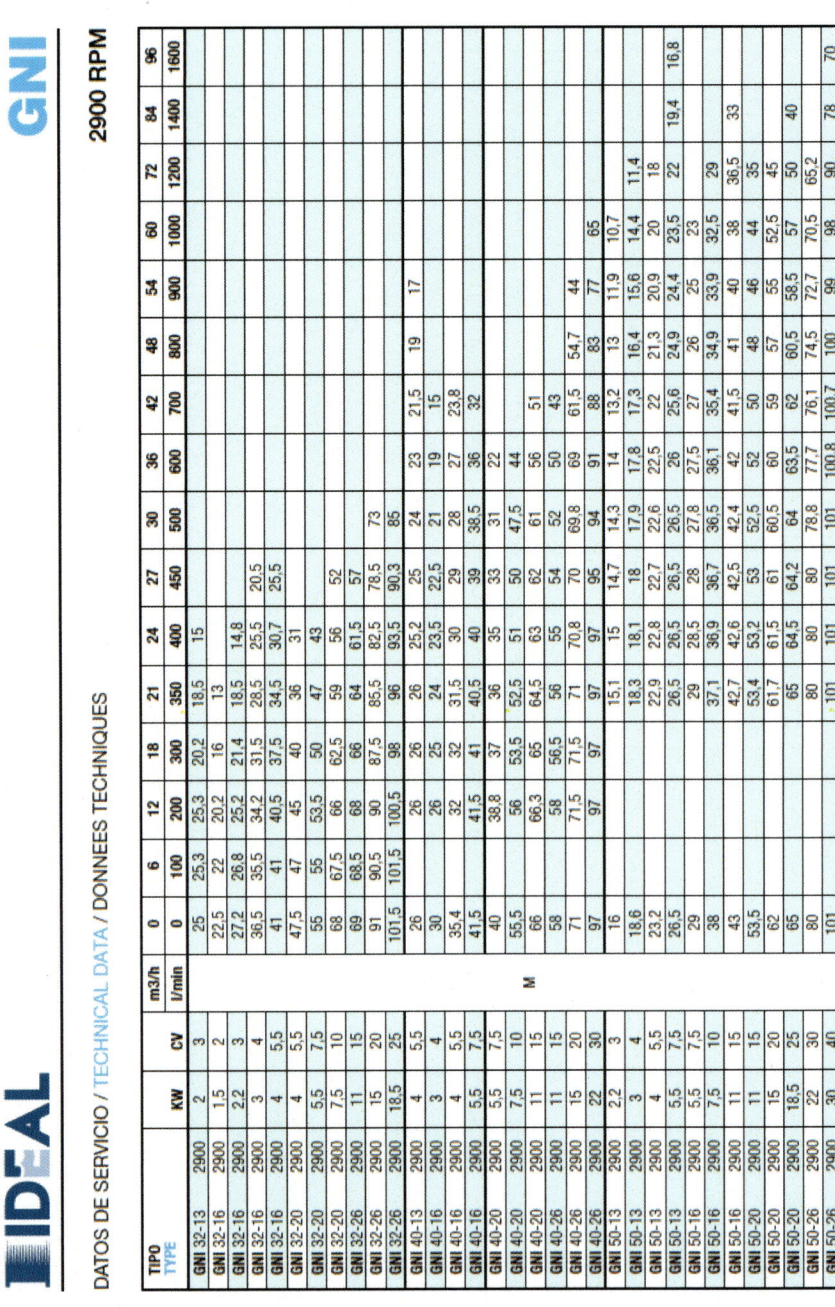

Figura 4.6. Tabla de datos de servicio de una serie de bombas centrífugas (fuente: bombas Ideal, datos técnicos de la serie GNI).

Hay una tercera forma de representar la curva característica de una bomba, y es mediante su ecuación característica. Esta ecuación no siempre la proporcionan los fabricantes, pero teniendo los valores de la tabla del fabricante es muy fácil obtenerla. Supongamos el caso de una bomba GNI 32-16/4 de 3 kW de 2900 rpm. La tabla 4.1. muestra los valores de altura y caudal:

Tabla 4.1. Valores de altura y caudal

H_B (m)	36.5	35.5	34.2	31.5	28.5	25.5	20.5
Q_B (m³/h)	0	6	12	18	21	24	27

Estos valores se pueden representar con un polinomio de segundo grado, que generalmente tiene la forma: $H_B = A_0 + A_1 Q_B + A_2 Q_2^2$. Para obtener los coeficientes de polinomio hacemos un ajuste polinómico. Hay que tener en cuenta que estos coeficientes tienen unidades, por lo que cuando se expresa la ecuación característica de la bomba hay que indicar siempre las unidades. En este caso, se obtiene:

$A_0 = 35.95$, $A_1 = 0.2371$, $A_2 = -0.028893$ (H_B en m y Q_B en m³/h)

o, equivalentemente:

$A_0 = 35.95$, $A_1 = 853.46$, $A_2 = -37.49 \cdot 10^4$ (H_B en m y Q_B en m³/s)

En la figura 4.7 se muestra los puntos experimentales y la curva polinómica ajustada:

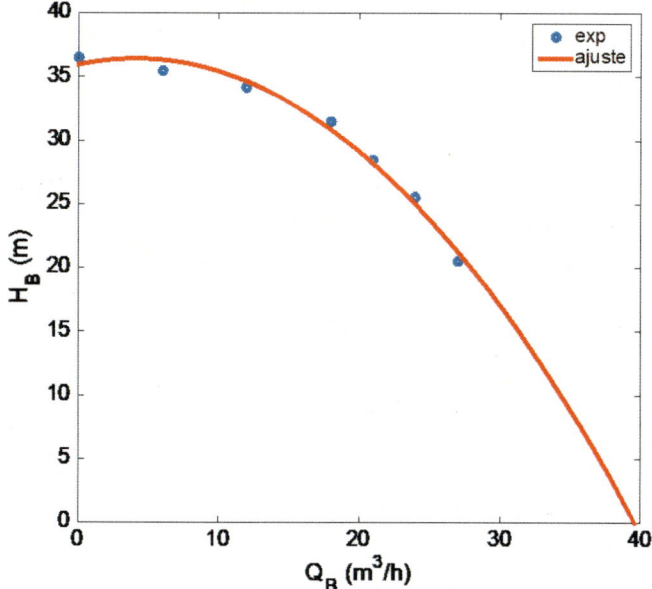

Figura 4.7. Curva característica de bomba centrífuga. Ajuste polinómico de valores experimentales con un polinomio de 2° grado: $H_B = 35.85 + 0.2371 Q_B - 0.02889 Q_2^2$.

2.2. Punto de funcionamiento y rendimiento de una bomba centrífuga

El punto de funcionamiento de una bomba es el punto de intersección de las curvas de la instalación y la curva característica de la bomba. En la figura 4.8 se muestra la curva característica de la instalación de la Figura 4.1 y la curva característica de la bomba de la figura 4.7. El punto de corte se denomina punto de funcionamiento. En este caso corresponde para una altura H_B = 20 m y un caudal de 7.7 L/s. Con esta bomba se suministra a los tres ramales. Un cálculo más detallado indicaría que los caudales al final de cada ramal serían: 3.25, 2.59 y 1.86 L/s respectivamente. Para determinar el rendimiento calculamos la potencia hidráulica, que se define como la potencia que recibe el fluido impulsado, en este caso sería:

P_H = $\rho Q g H_B$ = 1000 · 7.70·10^{-3} · 9.81 · 20 = 1510.74 W

El catálogo del fabricante nos dice que a potencia eléctrica del motor de esta bomba es de 3kW. Luego el rendimiento será = 100 · 1510.74/3000 = 50.36%.

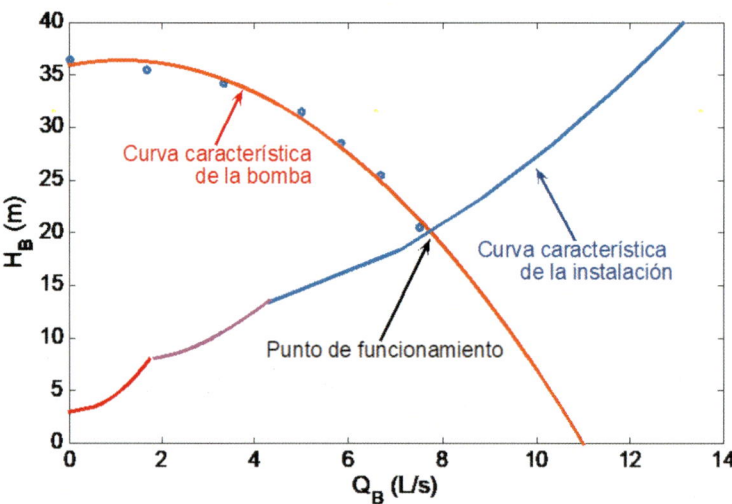

Figura 4.8. Punto de funcionamiento de la bomba y de la instalación.

2.2.1. Ejemplo 28: selección de bomba

Dada la instalación del ejemplo 1 de este capítulo, escoger la bomba más adecuada para conseguir un caudal de 0.02 m^3/s (utilice el catálogo de bombas Ideal del tipo monobloc GNI).

· El caudal solicitado es de 0.020 m^3/s = 20 L/s. Es decir, Q_1 =0.020 m^3/s. Resolviendo el sistema de ecuaciones (1) para este caudal, la altura de la bomba H_B necesaria será de 73.6 m.

- Para seleccionar la bomba, observamos el diagrama que incluye el conjunto de bombas de 2900 rpm y escogemos la gama 50 – 26h (conocida la altura y el caudal).

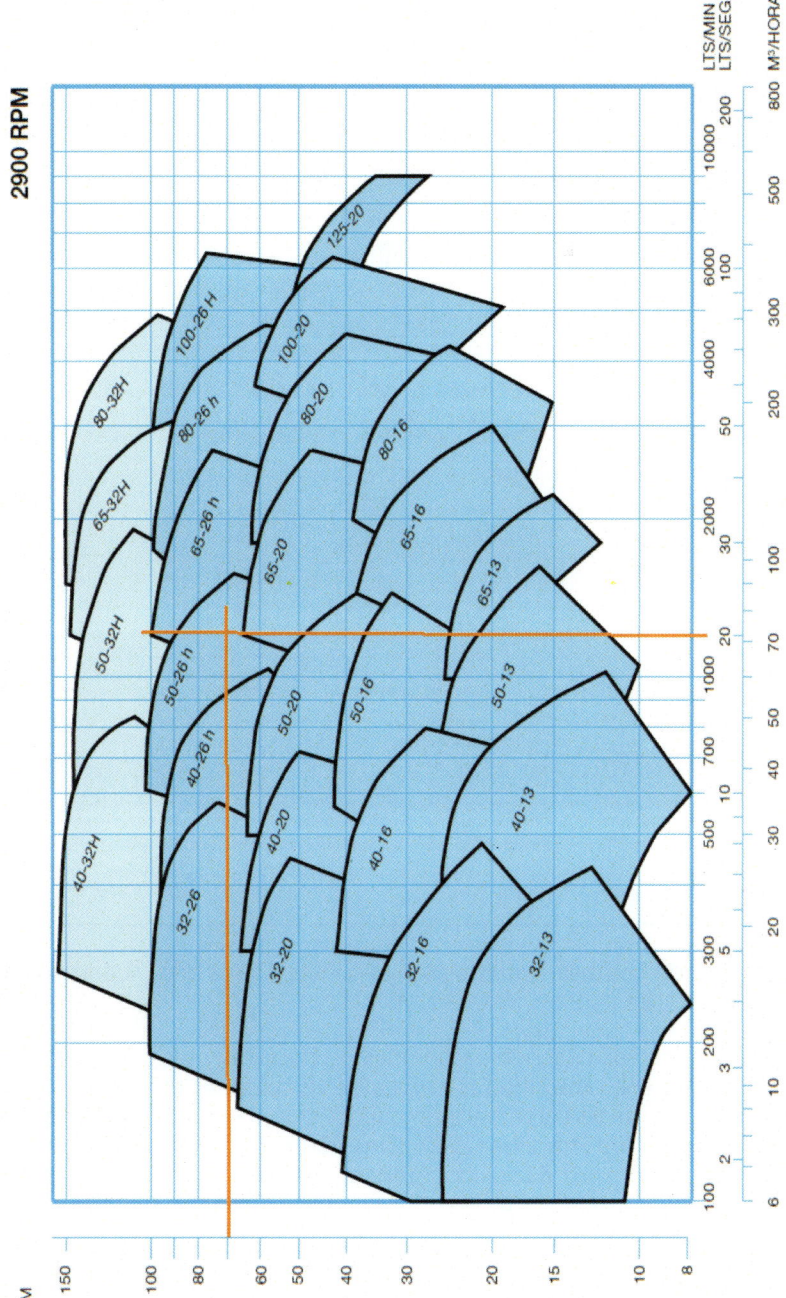

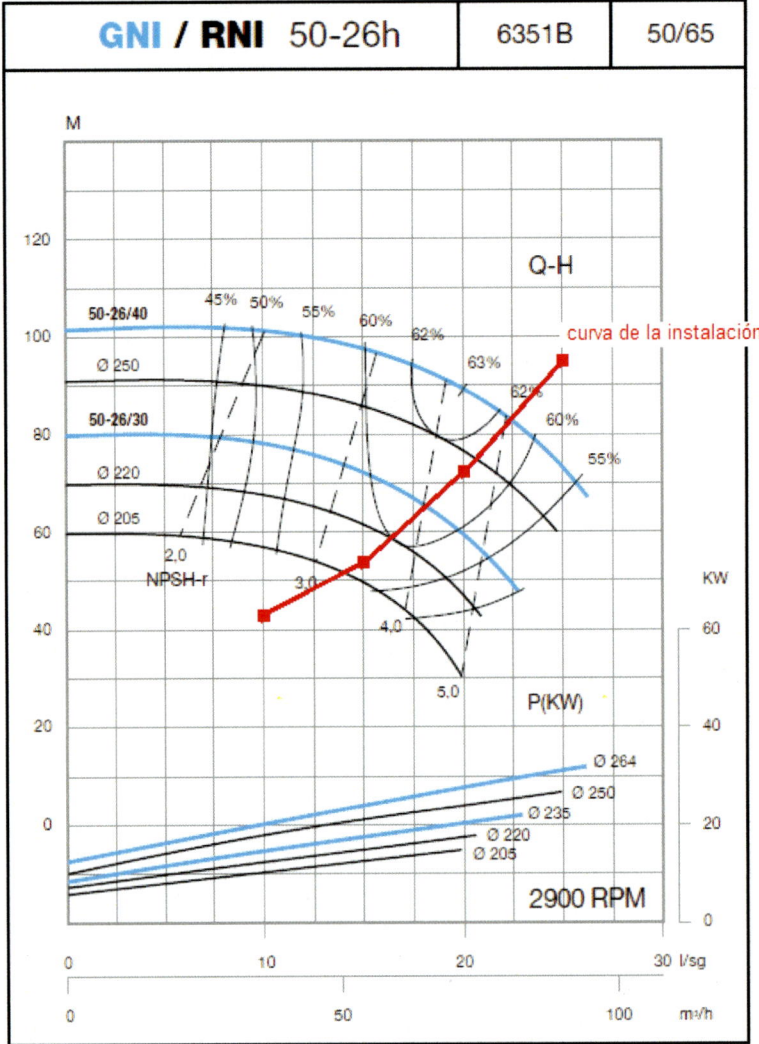

- En este grupo de bombas, estudiamos las curvas y para ello, superponemos encima la curva de nuestra instalación.

- Las curvas azules corresponden a bombas de tipo GNI y las curvas negras a bombas de tipo RNI. Mirando las curvas de las bombas monoblock (GNI), escogemos el punto de corte para un caudal cercano a 20 L/s (siempre un valor superior). Para una GNI (2900 rpm) 50-26/40CV, el punto de corte será: Q_B = 22.5 L/s; H_B= 83 m, la potencia eléctrica (nominal): 30 kW, el rendimiento según gráfica = 61 %

- Cálculo del rendimiento. Potencia del motor eléctrico: P_e = 30 kW, Potencia hidráulica (la que realmente recibe el fluido): P_H = $\rho g Q_B H_B$ = 18.32 kW. Rendimiento calculado = 100*P_H/P_e = 61.07 %

2.2.2. Ejemplo 29: punto de funcionamiento

Desde un depósito se suministra agua (viscosidad cinemática 10^{-6} m^2/s) a través de una bomba por el sistema de tuberías mostrada. La curva característica de la bomba viene dada por la ecuación $H_B = 70 - 350\cdot10^3\,Q^2$ (H_B en m y Q en m^3/s).

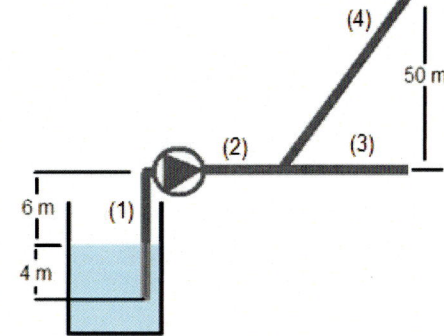

Los tramos de tuberías tienen las siguientes características: $L_1 = 10$ m, $D_1 = 150$ mm, $L_2 = 190$ m, $D_2 = 150$ mm, $L_3 = 500$ m, $D_3 = 35$ mm, $L_4 = 500$ m, $D_4 = 50$ mm. La rugosidad de todos los tramos de tuberías es K = 0.004 mm.

Las cotas están marcadas en la figura. Determine el caudal en cada tubería y la presión antes y tras de la bomba.

- Inicialmente, suponemos $Q_1 = Q_2 = Q_3 + Q_4$.

- Aplicamos Bernoulli entre la superficie del depósito ($Z_0 = -6$ m) y los finales de los tramos ($Z_3 = 0$ m) y ($Z_4 = 50$ m). Recordemos que suele ser más sencillo aplicar Bernoulli entre puntos que están a presión atmosférica.

$$z_0 + H_B - \lambda_1 \frac{8Q_1^2(L_1+L_2)}{g\pi^2 D_1^5} - \lambda_3 \frac{8Q_3^2 L_3}{g\pi^2 D_3^5} = z_3 + \frac{8Q_3^2}{g\pi^2 D_3^4}$$

$$z_0 + H_B - \lambda_1 \frac{8Q_1^2(L_1+L_2)}{g\pi^2 D_1^5} - \lambda_4 \frac{8Q_4^2 L_4}{g\pi^2 D_4^5} = z_4 + \frac{8Q_4^2}{g\pi^2 D_4^4}$$

- Despejamos Q_3 y Q_4 en función de Q_1 y sustituimos en la ecuación de continuidad:

$$Q_1 = \sqrt{\frac{A_0 + A_2 Q_1^2 + z_0 - z_3 - \lambda_1 \dfrac{8Q_1^2(L_1+L_2)}{\pi^2 g D_1^5}}{\lambda_3 \dfrac{8L_3}{\pi^2 g D_3^5} + \dfrac{8}{\pi^2 g D_3^4}} \, g} \;+$$

$$+ \sqrt{\frac{A_0 + A_2 Q_1^2 + z_0 - z_4 - \lambda_1 \dfrac{8Q_1^2(L_1+L_2)}{\pi^2 g D_1^5}}{\lambda_4 \dfrac{8L_4}{\pi^2 g D_4^5} + \dfrac{8}{\pi^2 g D_4^4}}}$$

- Para facilitar el cálculo manual es conveniente utilizar variables intermedias (α_1, α_3, α_4):

$$\alpha_1 = A_2 - \lambda_1 \frac{8(L_1 + L_2)}{\pi^2 g D_1^5}$$

$$\alpha_3 = \lambda_3 \frac{8L_3}{\pi^2 g D_3^5} + \frac{8}{\pi^2 g D_3^4}$$

$$\alpha_4 = \lambda_4 \frac{8L_4}{\pi^2 g D_4^5} + \frac{8}{\pi^2 g D_4^4}$$

- Y tenemos unas ecuaciones más manejables:

$$Q_1 = \sqrt{\frac{64 + \alpha_1 Q_1^2}{\alpha_3}} + \sqrt{\frac{14 + \alpha_1 Q_1^2}{\alpha_4}} \qquad Ec.1$$

$$Q_3 = \sqrt{\frac{64 + \alpha_1 Q_1^2}{\alpha_3}} \qquad Ec.2$$

$$Q_4 = Q_1 - Q_3 \qquad Ec.3$$

- Elaboramos una tabla de ayuda para el cálculo iterativo. Nótese que los signos de los parámetros A_2 y α_1 son negativos. Finalmente, los resultados obtenidos son los siguientes:

λ_1	λ_3	λ_4	Q_1 (m³/s)	Q_3 (m³/s)	Q_4 (m³/s)	λ_1	λ_3	λ_4
0.0200	0.0200	0.0200	0.003769	0.001933	0.001837	0.0232	0.0199	0.0215
0.0232	0.0199	0.0215	0.003724	0.001940	0.001784	0.0233	0.0199	0.0216
0.0233	0.0199	0.0216	0.003720	0.001941	0.001779	0.0233	0.0199	0.0216

- Caudales: $Q_1 = Q_2 = 3.72$ L/s; $Q_3 = 1.94$ L/s; $Q_4 = 1.78$ L/s;

- Para calcular las presiones aplicamos Bernoulli entre la superficie libre de líquido del depósito y los puntos pedidos antes y después del grupo motobomba:

$$p_{man\,(antes\,bomba)} = \rho g \left(-6 - \lambda_1 \frac{8Q_1^2 L_1}{g\pi^2 D_1^5} - \frac{8Q_1^2}{g\pi^2 D_1^4} \right) = -58.917 \; kPa$$

$$p_{man\,(tras\,bomba)} = \rho g \left(-6 + H_B - \lambda_1 \frac{8Q_1^2 L_1}{g\pi^2 D_1^5} - \frac{8Q_1^2}{g\pi^2 D_1^4} \right) = +580.27 \; kPa$$

· Ahora vamos a discutir cómo determinar la curva caracterítica de esta instalación. Tenemos dos zonas a identificar. La primera es cuando la bomba no tiene potencia suficiente para llegar a la cota más alta (6 < H_B ≤ 56 m) y entonces $Q_1 = Q_2 = Q_3$ y $Q_4 = 0$. Y la segunda cuando H_B > 56 m, entonces $Q_1 = Q_2 = Q_3 + Q_4$.

· Primera zona de la curva característica ($Q_1 = Q_2 = Q_3$)

· En este caso sólo hay una ecuación:

$$H_B - \lambda_1 \frac{8Q_1^2(L_1+L_2)}{g\pi^2 D_1^5} - \lambda_3 \frac{8Q_1^2 L_3}{g\pi^2 D_3^5} = 6 + \frac{8Q_1^2}{g\pi^2 D_3^4}$$

· El máximo del caudal de este caso se determina para H_B = 56 m, después del proceso iterativo Q_1 = 1.7692 L/s (ver tabla):

λ_1	λ_2	Q_1 (L/s)	λ_1	λ_3
0.0200	0.0200	1.7793	0.0278	0.0202
0.0278	0.0202	1.7701	0.0278	0.0202

· El primer tramo de la curva característica de la instalación se determina haciendo variar Q desde 0 a 1.5 L/s

$Q_B = Q_1$ (L/s)	λ_1	λ_3	HB (m)
0.0	-	-	6.00
0.5	0.0392	0.0267	11.27
1.0	0.0323	0.0228	24.00
1.5	0.0290	0.0209	43.17

· Segunda zona de la curva característica (Q_B > 1.77 L/s).

· En esta zona la bomba suministra fluido a los dos ramales y por ello tenemos dos ecuaciones de Bernoulli entre el punto inicial y las dos salidas. De estas ecuaciones despejamos los caudales finales en función Q_1:

$$Q_3 = \sqrt{\frac{H_B - 6 - \lambda_1 \dfrac{8Q_1^2(L_1+L_2)}{\pi^2 g D_1^5}}{\lambda_3 \dfrac{8L_3}{\pi^2 g D_3^5} + \dfrac{8}{\pi^2 g D_3^4}}} = \sqrt{\frac{H_B - 6 - \alpha_1 Q_1^2}{\alpha_3}}$$

$$Q_4 = \sqrt{\dfrac{H_B - 56 - \lambda_1 \dfrac{8Q_1^2(L_1 + L_2)}{\pi^2 g D_1^5}}{\lambda_4 \dfrac{8L_4}{\pi^2 g D_4^5} + \dfrac{8}{\pi^2 g D_4^4}}} = \sqrt{\dfrac{H_B - 56 - \alpha_1 Q_1^2}{\alpha_4}}$$

- Usamos variables auxiliares (α_1, α_3, α_4) y sustituimos en la ecuación de nudo obteniendo una ecuación en la que, para cada valor de Q_1, se determina H_B y después se calculan los demás caudales con las ecuaciones anteriores.

$$Q_1 = \sqrt{\dfrac{H_B - 6 - \alpha_1 Q_1^2}{\alpha_3}} + \sqrt{\dfrac{H_B - 56 - \alpha_1 Q_1^2}{\alpha_4}}$$

- El proceso de cálculo es el siguiente:

- 1) Para un valor de Q_1 se determina el coeficiente de pérdidas λ_1

- 2) Se suponen unos valores para los coeficientes de pérdidas λ_3 y λ_4. En la primera iteración $\lambda_3 = \lambda_4 = 0.02$

- 3) Se determinan las variables auxiliares α_1, α_2 α_3

- 4) Se determina H_B, Q_3 y Q_4 con las ecuaciones anteriores

- 5) Para los caudales recien calculados, se determinan los nuevos λ_3 y λ_4.

- 6) Se utilizan los valores λ_2 y λ_3 para ir la paso 2. Cuando los coeficientes de pérdidas obtenidos en el paso 5 coinciden con los del paso 2 termina el proceso iterativo para ese caudal Q_1.

Q_1 (L/s)	λ_1	λ_3	λ_4	H_B (m)	Q_3 (L/s)	Q_4 (L/s)	λ_3	λ_4
		0.0200	0.0200	56.1972	1.7819	0.2181	0.0202	0.0364
2.0	0.0478	0.0202	0.0364	56.3145	1.7752	0.2248	0.0202	0.0361
		0.0202	0.0361	56.3139	1.7745	0.2255	0.0202	0.0360
		0.0202	0.0360	56.3138	**1.7745**	**0.2256**	0.0202	0.0360
		0.0200	0.0200	59.7893	1.8420	1.1580	0.0201	0.0238
3.0	0.0678	0.0201	0.0238	60.4067	1.8495	1.1505	0.0200	0.0238
		0.0200	0.0238	60.4074	**1.8503**	**1.1497**	0.0200	0.0238
		0.0200	0.0200	67.5174	1.9657	2.0344	0.0198	0.0210
4.0	0.0878	0.0198	0.0210	67.8992	1.9812	2.0188	0.0198	0.0211
		0.0198	0.0211	67.9002	**1.9827**	**2.0173**	0.0198	0.0211

Q_1 (L/s)	λ_1	λ_3	λ_4	H_B (m)	Q_3 (L/s)	Q_4 (L/s)	λ_3	λ_4
		0.0200	0.0200	78.8365	2.1332	2.8668	0.0195	0.0196
5.0	0.1078	0.0195	0.0196	78.1355	2.1499	2.8502	0.0195	0.0196
		0.0195	0.0196	78.1361	**2.1515**	**2.8485**	0.0195	0.0196
		0.0200	0.0200	93.4756	2.3309	3.6691	0.0192	0.0187
6.0	0.1278	0.0192	0.0187	90.8430	2.3439	3.6561	0.0191	0.0187
		0.0191	0.0187	90.8432	**2.3452**	**3.6549**	0.0191	0.0187
7.0	0.1478	0.0200	0.0200	111.3086	2.5497	4.4503	0.0188	0.0180
		0.0188	0.0180	105.8911	**2.5560**	**4.4441**	0.0188	0.0180

- Tabla característa de la instalación:

$Q_B = Q_1$	0.0	0.5	1.0	1.5	2.0	3.0	4.0	5.0	6.0	7.0
Q_3(L/s)	0.0	0.5	1.0	1.5	1.78	1.85	1.983	2.151	2.35	2.56
Q_4(L/s)	0.0	0.0	0.0	0.0	0.23	1.15	2.017	2.85	3.66	4.44
H_B(m)	6.0	11.27	24.00	43.17	56.31	60.41	67.90	78.14	90.84	105.9

- A continuación, se representa la curva característica de la instalación (Q_1-H_B) con sus dos zonas. También se representa la curva característica de la bomba ($H_B=70 - 350 \cdot 10^3 Q_1^2$). El punto de funcionamiento es el punto de corte de las dos curvas $Q_B=3.72$ L/s, $H_B=65.2$ m. La potencia que recibe el fluido (potencia hidráulica) es $P_H = \rho Q_B g H_B = 2375.2$ W.

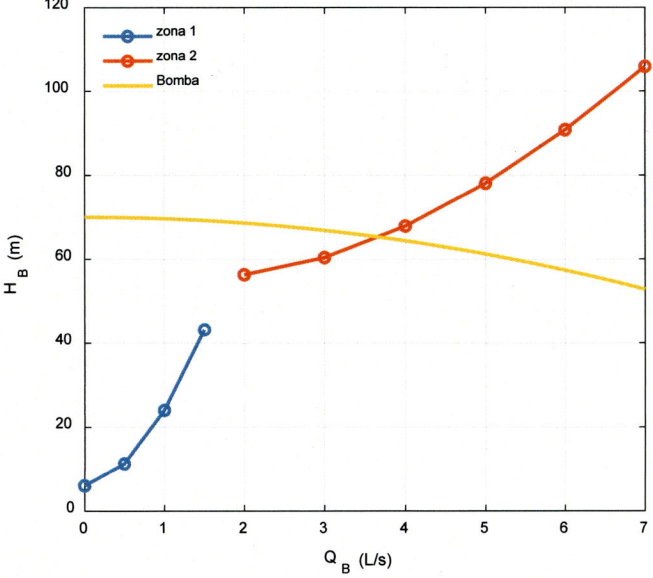

2.3. Asociación de bombas centrífugas

Las bombas centrífugas se pueden asociar en serie y en paralelo. Si están en serie el caudal que pasa por todas las bombas conectadas en serie es el mismo. En este caso al aplicar Bernoulli hay que sumar las alturas aportadas por cada bomba, de forma que podemos sustituir el conjunto de bombas en serie por un grupo motobomba equivalente cuya altura es la suma de las aportadas por cada bomba: $H_B = \sum H_{Bi}$. Si las bombas son idénticas tendremos que $H_B = nH_{Bi}$.

Si tenemos la ecuación de una bomba, tenemos que la ecuación característica de n bombas en serie será: $H_B = n (A_0 + A_1 Q_B + A_2 Q_B^2)$. Como ejemplo ilustramos en la figura 4.9 tres bombas en serie, si aplicamos Bernoulli entre A y B a través de la línea de corriente marcada en rojo, tenemos:

$$z_A + 3\left(A_0 + A_1 Q + A_2 Q^2\right) - \sum_{primarias} \Delta h_i - \sum_{sec undarias} \Delta h_i = z_B + \frac{8Q^2}{\pi^2 g D^4}$$

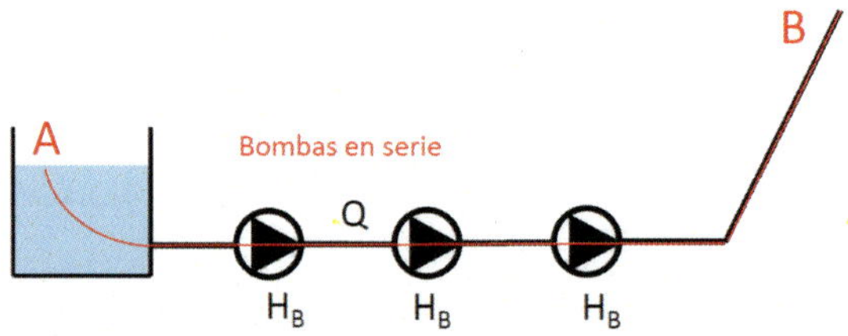

Figura 4.9. Asociación en serie de tres bombas idénticas.

Si las bombas se asocian en paralelo, el caudal impulsado por cada bomba es diferente. Y el caudal total será la suma de caudales. Si las bombas son idénticas el caudal se dividirá por igual en cada una de ellas. Supongamos tres bombas en paralelo, en este caso al aplicar Bernoulli entre los puntos inicial y final de la conducción, lo haremos a través de una línea de corriente que incluirá una de las bombas por la que fluye un tercio del caudal (figura 4.10).

$$z_A + A_0 + A_1 \frac{Q}{3} + A_2 \left(\frac{Q}{3}\right)^2 - \sum_{primarias} \Delta h_i - \sum_{sec undarias} \Delta h_i = z_B + \frac{8Q^2}{\pi^2 g D^4}$$

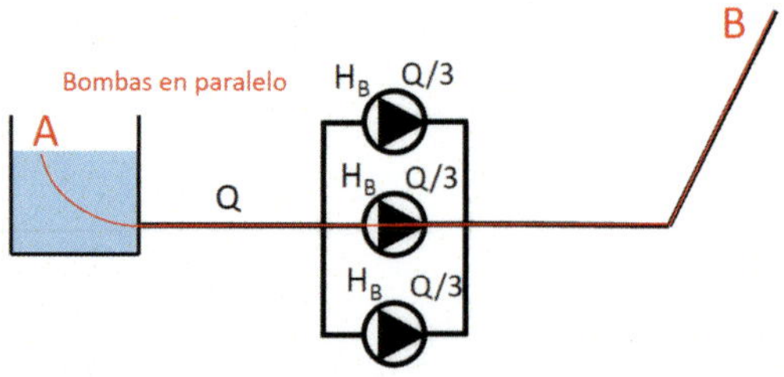

Figura 4.10. Asociación en paralelo de tres bombas idénticas.

Si tenemos n bombas idénticas en paralelo el caudal por cada una sería Q/n. Por ello, la altura del grupo motobomba equivalente sería $H_B = A_0 + A_1(Q_B/n) + A_2(Q_B/n)^2$.

En la figura 4.11 se muestran las curvas características resultantes de un grupo motobomba compuesto por 3 bombas idénticas. Las bombas se asocian en serie o en paralelo.

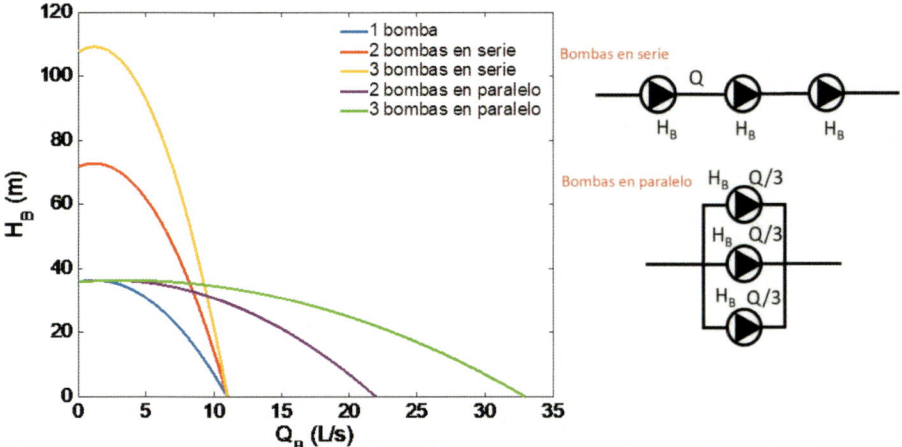

Figura 4.11. Asociación de bombas idénticas.

Las configuraciones en serie y en paralelo son utilizadas con frecuencia tanto en instalaciones de viviendas como en instalaciones de tipo industrial. En los distintos procesos industriales y comerciales podemos encontrar en las redes de distribución de agua arreglos de bombas conectadas en serie o en paralelo con la finalidad de adaptarse a una mayor gama de alturas de bombeo y rangos de caudales. Ahora vanos a plantear el caso de dos bombas en paralelo y otra en serie (ver figura 4.12). Si suponemos que las tres bombas son idénticas, la curva característica del grupo motobomba equivalente viene dada por la siguiente ecuación:

$$H_B = A_0 + A_1 \frac{Q}{2} + A_2 \left(\frac{Q}{2}\right)^2 + A_0 + A_1 Q + A_2 Q^2$$

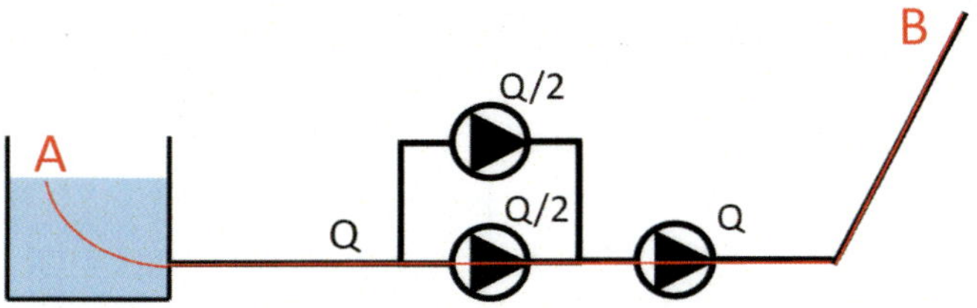

Figura 4.12. Asociación de dos bombas idénticas en paralelo con otra en serie.

Por último, y para terminar el tema consideremos tres bombas en paralelo que son diferentes. En este caso cada bomba impulsa un caudal diferente. Las ecuaciones de cada bomba son $H_{B1} = A_0 + A_1Q + A_2Q^2$, $H_{B2} = B_0 + B_1Q + B_2Q^2$ y $H_{B3} = C_0 + C_1Q + C_2Q^2$. El sistema de ecuaciones para la instalación de la figura 4.13 lo componen una ecuación de Bernoulli, dos ecuaciones de malla y una ecuación de nudo:

$$z_A + A_0 + A_1Q_2 + A_2Q_2^2 - \sum_{primarias} \Delta h_i - \sum_{secundarias} \Delta h_i = z_B + \frac{8Q^2}{\pi^2 gD^4}$$

$$A_0 + A_1Q_1 + A_2Q_1^2 = B_0 + B_1Q_2 + B_2Q_2^2$$

$$A_0 + A_1Q_1 + A_2Q_1^2 = C_0 + C_1Q_3 + C_2Q_3^2$$

$$Q = Q_1 + Q_2 + Q_3$$

Como se puede comprobar tenemos cuatro ecuaciones con cuatro incógnitas (Q, Q_1, Q_2 y Q_3)

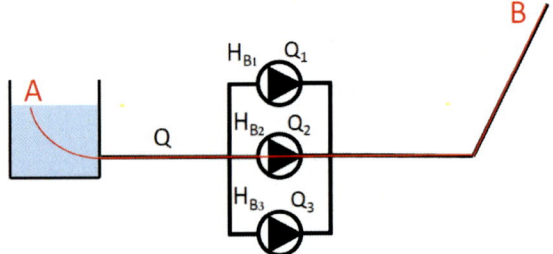

Figura 4.13. Asociación de tres bombas diferentes en paralelo.

2.3.1. Ejemplo 30: asociación de bombas

Un grupo motobomba está compuesto de dos bombas idénticas del tipo GNI 40-16/2900 rpm, 4kW. La curva característica de cada bomba está dada por la expresión $H_B = 26 + 310Q_B$ $- 6.1·10^4Q_B^2$ (H_B en m, Q_B en m³/s). Con este grupo se pretende bombear agua desde un depósito a otro como muestra la figura. La longitud total de la tubería es de 40 m, el diámetro interno de la tubería es de 60 mm y la rugosidad de 0.0015 mm. Se pide:

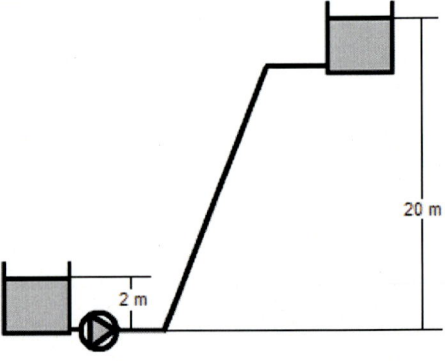

a) Dibuje las curvas características del grupo motobomba cuando está compuesto de una sola bomba, dos bombas en serie o dos bombas en paralelo.

b) Dibuje la curva característica de la instalación.

c) Determine, para cada caso, el caudal, la altura proporcionada por el grupo y el rendimiento del grupo motobomba.

· Escribimos las ecuaciones del grupo motobomba para los casos de una bomba, dos bombas en serie y dos bombas en paralelo:

$$H_{1B} = 26 + 310Q_B - 6.10x10^4 Q_B^{\,2}$$

$$H_{2Bs} = 2\left(26 + 310Q_B - 6.10x10^4 Q_B^{\,2}\right)$$

$$H_{2Bp} = 26 + 310\left(Q_B/2\right) - 6.10x10^4 \left(Q_B/2\right)^2$$

· La curva característica de la instalación la obtenemos al aplicar Bernoulli por una línea de corriente de va desde la superficie libre del depósito inferior a la superficie libre del depósito superior (z_1=2 m, z_2=20 m).

· Al tratarse de grandes depósitos suponemos que las velocidades en los puntos de la superficie son despreciables, y sus presiones son iguales a la atmosférica.

$$z_1 + H_B - \lambda \frac{8LQ^2}{\pi^2 gD^5} = z_2$$

$$H_B = 18 + \lambda \frac{8LQ^2}{\pi^2 gD^5}$$

· Dibujamos la curva de la instalación, la curva de la bomba, y las de la asociación de bombas:

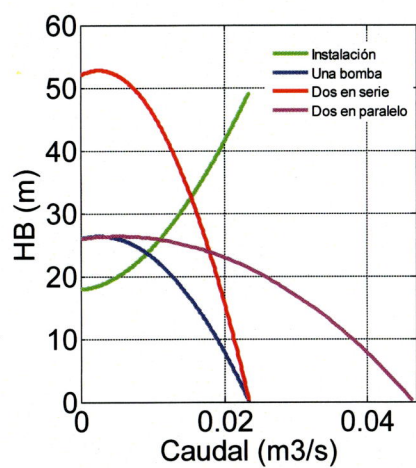

Q (m³/s)	Re	λ	HB (m)
0.000	0	---	18.0
0.005	106103	0.0179	19.9029
0.010	212207	0.0157	24.6592
0.015	318310	0.0146	31.9345
0.020	424413	0.0139	41.5932

$$1\,\text{Bomba}\begin{cases} H_{1B} = 26 + 310Q_B - 6.10x10^4 Q_B^2 \\ 26 + 310Q - 61000Q^2 = 18 + \lambda\dfrac{8LQ^2}{\pi^2 gD^5} \end{cases}$$

λ	Q (m³/s)	Re	λ	H$_B$ (m)
0.0200	0.0085	181213	0.0161	24.1990
0.0161	0.0091	194044	0.0159	23.7342
0.0159	0.0092	194800	0.0159	23.7054

- Q = 0.0092 m³/s; H$_B$ = 23.7054 m; Potencia hidráulica: P$_H$ = ρQgH$_B$ = 2.1351 kW, Rendimiento: η = 100·2.1351/4 = 53.4 %

$$2\,\text{Bombas serie}\begin{cases} H_{2Bs} = 2\left(26 + 310Q_B - 6.10x10^4 Q_B^2\right) \\ 2\left(26 + 310Q - 61000Q^2\right) = 18 + \lambda\dfrac{8LQ^2}{\pi^2 gD^5} \end{cases}$$

λ	Q (m³/s)	Re	λ	H$_B$ (m)
0.0200	0.0144	305589	0.0147	35.6284
0.0147	0.0154	326052	0.0145	32.7247
0.0145	0.0154	326747	0.0145	32.6220

- Q = 0.0154 m3/s; H$_B$ = 32.6220 m; P$_H$ = ρQgH$_B$ = 4.9274 kW Rendimiento: η = 100·4.9274/8 = 61.6%

$$2\,\text{Bombas paralelo}\begin{cases} H_{2Bp} = 26 + 310\left(Q_B/2\right) - 6.10x10^4\left(Q_B/2\right)^2 \\ 26 + 310\dfrac{Q}{2} - 61000\left(\dfrac{Q}{2}\right)^2 = 18 + \lambda\dfrac{8LQ^2}{\pi^2 gD^5} \end{cases}$$

λ	Q (m³/s)	Re	λ	H$_B$ (m)
0.0200	0.0097	206672	0.0157	26.0631
0.0157	0.0109	230359	0.0154	25.8855
0.0154	0.0110	232410	0.0154	25.8684

- Q = 0.011 m3/s; H$_B$ = 25.8684 m; P$_H$ = ρQgH$_B$ = 2.7813 kW Rendimiento: η = 100·2.7813/8 = 34.8 %

2.4. NPSH-R (net positive suction head required)

Una bomba centrífuga no está diseñada para trabajar en succión, por ello es conveniente situar la bomba por debajo del nivel de la superficie libre de líquido del depósito de suministro (ver figura del ejemplo anterior). Cuando la bomba trabaja en succión, la presión del fluido en el interior de la tubería disminuye. Si la presión disminuye lo suficiente y alcanza la presión de vapor, entonces se producirá cavitación y el líquido se vaporizará espontáneamente. Esta presión de vapor depende de la temperatura (ver figura 4.14).

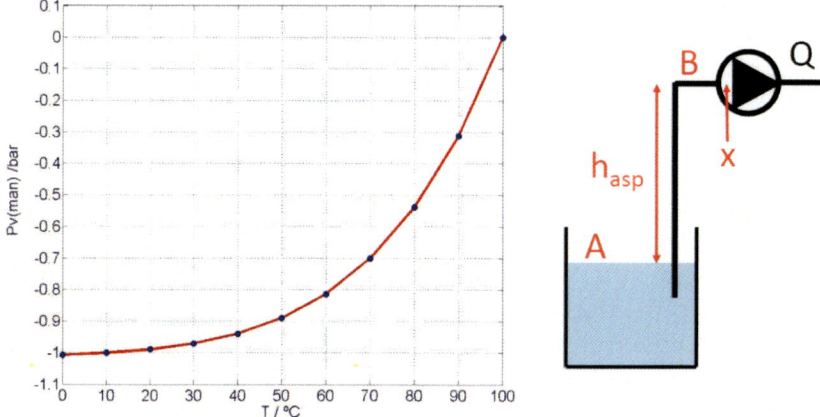

Figura 4.14. Presión de vapor del agua en función de la temperatura.

A veces, cuando no es posible colocar la bomba por debajo del nivel del depósito, se utilizan bombas sumergibles en las que se ataja este problema. Sin embargo, lo más frecuente en muchos casos es que sea necesario situar la bomba por encima del depósito. Esto sucede por ejemplo en el caso de instalaciones contra incendios, en muchas ocasiones los depósitos son subterráneos. En este apartado estudiaremos el caso de una bomba centrífuga trabajando en succión. El objetivo de este apartado es determinar la altura de aspiración crítica para que no se produzca cavitación.

La figura 4.14. también representa una instalación de succión. En la cabecera de la instalación (punto B) tendremos el punto de menor presión del tramo de succión. Aplicando Bernoulli entre los puntos A y B tenemos,

$$\frac{p_A}{\rho g} + \frac{v_A^2}{2g} + z_A - \Delta h = \frac{p_B}{\rho g} + \frac{v_B^2}{2g} + z_B$$

Consideramos la energía cinética en A despreciable, por tanto:

$$\frac{p_A}{\rho g} + z_A - \Delta h = \frac{p_B}{\rho g} + \frac{v_B^2}{2g} + z_B$$

Reordenando los términos tenemos:

$$p_B - p_A = -\rho g \left(z_B - z_A + \Delta h_{asp} + \frac{v_B^2}{2g} \right)$$

Que es la presión manométrica en B (presión en A es la atmosférica).

$$\boxed{p_B(man) = p_B - p_A = -\rho g \left(h_{asp} + \Delta h_{asp} + \frac{v_B^2}{2g} \right)} \qquad (4.1)$$

En la expresión anterior h_{asp} es la altura de aspiración y Δh_{asp} representa la pérdida en toda la conducción de aspiración. Nótese que la expresión anterior tiene un signo menos, lo que indica que la presión en B va a resultar inferior que la atmosférica. Por ejemplo, para 10 °C (figura 11) la presión de vapor se alcanza a – 1 bar. Es decir, la presión manométrica en B, que depende de la diferencia de cotas, las pérdidas y la velocidad, deberá ser superior a este valor. Por otra parte, dentro de la bomba hay localizaciones donde el fluido aumenta su velocidad y como consecuencia se produce una disminución de la presión. Es decir, dentro del rodete se tienen presiones aún más bajas que en el punto B (cabecera de aspiración). Si consideramos un punto x del interior de la bomba, la presión en ese punto será la del punto B menos unas pérdidas que serán proporcionales a la energía cinética de las partículas del fluido en el rodete (expresión de las pérdidas localizadas o secundarias).

$$\frac{p_x}{\rho g} = \frac{p_B}{\rho g} - K \frac{v_x^2}{2g} \qquad \rightarrow \qquad \boxed{p_x = p_B - \rho g K \frac{v_x^2}{2g}} \qquad (4.2)$$

El objetivo es calcular la presión en el punto del tramo de la aspiración, incluyendo el interior de la bomba, donde la presión es más baja, y ese punto es el punto x. Sustituyendo esta expresión en la anterior tenemos:

$$p_x(man) = p_x - p_A = -\rho g \left(h_{asp} + \Delta h_{asp} + \frac{v_B^2}{2g} + K \frac{v_x^2}{2g} \right) \qquad (4.3)$$

Se define NPSH-r (Net Positive Suction Head- required) al valor de la expresión:

$$NPSH - r = \left(\frac{v_B^2}{2g} + K \frac{v_x^2}{2g} \right) \qquad (4.4)$$

Este valor se determina experimentalmente y es proporcionado por el fabricante para cada bomba y cada caudal de trabajo. En la figura 4.15. se muestran en rojo rectas a trazos que indican el valor del NPSH-r.

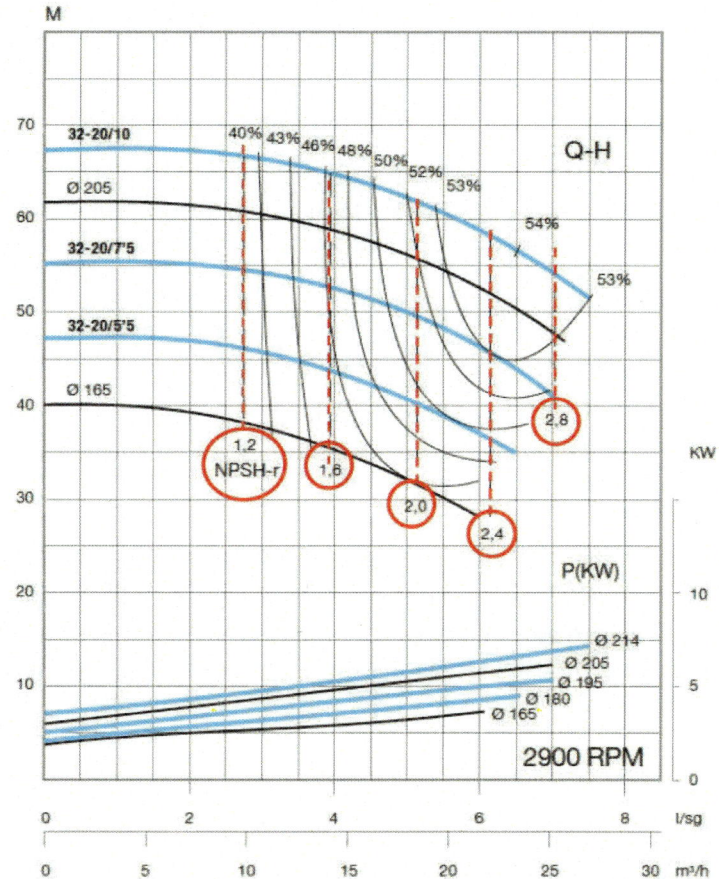

Figura 4.15. Curvas características de bombas centrífugas que indican el NPSH-r
(fuente: bombas Ideal, serie GNI/RNI, NPSH - r).

En el caso mostrado en la figura 4.15., el valor de NPSH-r varía de 1.2 m a 2.8 m. Por tanto, la presión en el interior del rodete será:

$$p_x(man) = p_x - p_A = -\rho g\left(h_{asp} + \Delta h_{asp} + NPSH - r\right)$$

Para comprender mejor la importancia de este concepto se propone un ejemplo.

2.4.1. Ejemplo 31: altura de aspiración de una bomba

Supongamos una impulsión de agua a 25 °C cuya presión de vapor (manométrica) es – 0.95 bar, es decir, – 95000 Pa. Calcularemos la altura de aspiración para la cual alcanzamos este límite. Para ello, consideraremos los datos disponibles en la figura 4.15.

· De acuerdo con los valores de la figura 4.15, suponemos NPSH-r = 1.2 m, y unas pérdidas en el tramo de succión Δh_{asp}= 0.25 m. Sustituyendo los valores:

$$-95000 = -1000 \times 9.81 \left(h_{asp} + 0.25 + 1.2 \right) \qquad \rightarrow \qquad h_{asp} = 8.234\,m$$

· Si la altura es igual o superior a 8.234 m, habrá cavitación. No conviene ajustarse a este valor ya que puede ser peligroso. Hay que tener en cuenta que cualquier perturbación adicional al flujo del fluido puede producir turbulencias adicionales, lo que provocaría aumentos locales de velocidad y por tanto una disminución de la presión, que podría llegar a la presión de vapor. Por ello concluimos que, por seguridad, la bomba hay que colocarla a una altura menor al valor obtenido (por ejemplo, menor de 7 m).

3. Bombas volumétricas

Una bomba volumétrica se caracteriza porque impulsa un volumen determinado en un tiempo controlado. Esto hace que se utilicen cuando se requiera un caudal preciso o cuando la instalación requiera una presión muy alta. Otras ventajas de estas bombas es que son adecuadas para fluidos de alta viscosidad.

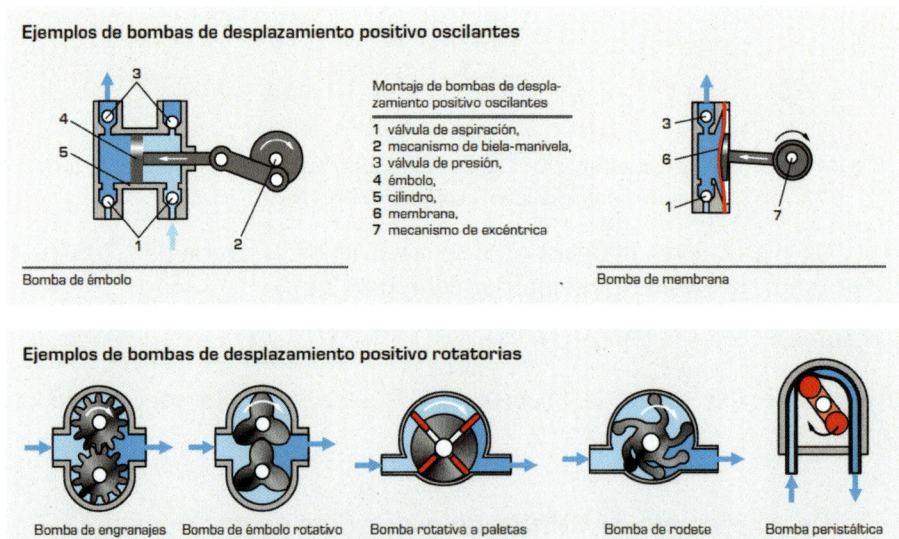

Figura 4.16. Ejemplo de bombas volumétricas (fuente: Gunt, bombas de desplazamiento positivo).

Las bombas volumétricas o también denominadas de desplazamiento positivo, se pueden clasificar en dos grandes grupos:

- Bombas de desplazamiento positivo oscilantes: estas bombas se caracterizar por disponer de válvulas de entrada y salida. Suelen utilizarse para dosificación o de inyección de productos químicos. Estas son las bombas de embolo y de diafragma o de membrana, entre otras.

- Bombas de desplazamiento positivo rotatorias: no disponen de válvulas de entrada o salida y el desplazamiento se produce a causa de la forma de sus elementos. Algunos ejemplos son las bombas de engranajes, lobulares o de émbolo rotatorio, rotativa de paletas, de rodete, de tornillo o peristáltica.

El funcionamiento de estas bombas es diferente al de las bombas centrifugas. El caudal es prácticamente independiente de la presión proporcionada al fluido. En la hoja de características de estas bombas se indica:

- El rango de caudales que suministra la bomba en función de las revoluciones del motor que la acciona.

- La presión máxima de trabajo.

- La máxima viscosidad del líquido inyectado.

En la figura 4.17 se muestra el catálogo de unas bombas lobulares rotativas monobloc (https://www.inoxpa.es). Estas bombas están diseñadas para impulsar todo tipo de fluidos tanto de baja como de alta viscosidad de la industria alimentaria, láctea y cosmética. Los caudales se ajustan controlando las revoluciones del motor. Por ejemplo, la bomba TLS 1-25 dispensa 0.1 L por revolución, luego el caudal dispensado será desde cero hasta 0.1 x 950 = 95 L/min = 5.7 m^3/h. Y la presión máxima de trabajo de esta bomba es de 12 bar.

	DN	Velocidad máxima min^{-1}	Presión máxima bar	Volumen por revolución l/rev.
TLS 1-25	25 1"	950	12	0,10
TLS 1-40	40 1½"	950	7	0,14
TLS 2-40		950	12	0,23
TLS 2-50	50 2"	950	7	0,30
TLS 3-50		720	12	0,68
TLS 3-80	80 3"	720	7	0,95

Figura 4.17. Características técnicas de bombas volumétricas rotativas (fuente: bombas lobulares Inoxpa).

3.1. Ejemplo 32: suministro con bomba volumétrica

Desde un depósito A se bombea leche a un intercambiador de placas para pasteurización, después del cual se almacena en un segundo depósito B. Seleccione una bomba lobular adecuada para impulsar un caudal de 10 m³/h. Las tuberías son de acero inoxidable (K = 0.0001 mm), tienen un diámetro interno de 60 mm y una longitud total de 150 m. El intercambiador produce unas pérdidas secundarias cuyo factor de pérdidas es de K = 5. Suponga una densidad de la leche de 1030 kg/m³ y una viscosidad dinámica de 2 mPas. Repita el problema para el caso de un caudal de 20 m³/h.

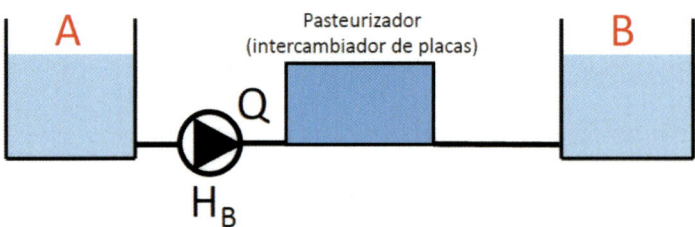

- Aplicamos Bernoulli entre las superficies de los depósitos, que están a presión atmosférica, y suponemos que las velocidades de la superficie son despreciables. También suponemos que las cotas son las mismas. Con estas hipótesis tenemos la ecuación característica de la instalación:

$$H_B + \frac{p_A}{\rho g} + \frac{v_A^2}{2g} + z_A - \Delta h = \frac{p_B}{\rho g} + \frac{v_B^2}{2g} + z_B$$

$$H_B = \lambda \frac{8Q^2 L}{g\pi^2 D^5} + K \frac{8Q^2}{g\pi^2 D^4}$$

$$P_B = \rho g H_B = \rho g \left(\lambda \frac{8Q^2 L}{g\pi^2 D^5} + K \frac{8Q^2}{g\pi^2 D^4} \right)$$

- En la tabla se muestra el cálculo de los puntos de la curva característica de la instalación.

Q_B (m³/h)	λ	P_B (bar)
0	-	0
10	0.0234635	3.16428
20	0.0200814	10.9760
30	0.0184309	22.8501

· En la figura se muestran las áreas de selección de las seis bombas lobulares de la tabla. En este gráfico se ha incluido la curva de la instalación (azul). Para el caso de un caudal de 10 m³/h elegimos la bomba TLS 2-50, cuya presión de impulsión es 3 bar. Y para el caso de un caudal de 20 m³/h elegimos la bomba lobular TLS 3-50 proporcionando un incremento de presión de 11 bar.

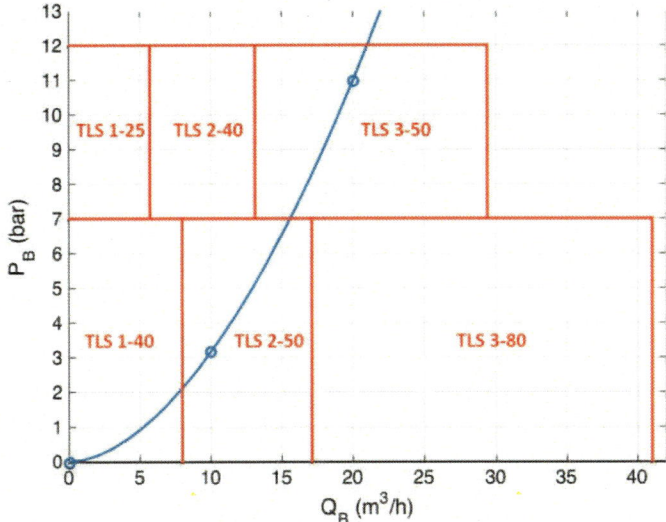

FLUJO INTERNO DE FLUIDOS VISCOSOS COMPRESIBLES

En este capítulo estudiaremos de flujo de fluidos viscosos compresibles a través de una conducción. El objetivo principal de este capítulo es determinar las presiones y caudales másicos en transporte de gases. Para impulsar gas se usan ventiladores, turboventiladores o turbinas y compresores. Los ventiladores y turboventiladores incrementan poco la presión del fluido. Sin embargo, los compresores incrementan significativamente la presión del gas.

Cuando la presión del gas es baja, su densidad se mantiene aproximadamente constante y se puede tratar como un fluido incompresible. Este es el caso de ventilación forzada de locales, garajes, túneles, e instalaciones de climatización. En estos casos el fluido es impulsado con ventiladores cuyo incremento de presión es muy bajo (<100 Pa). El cálculo de estas instalaciones es muy similar al realizado en los dos capítulos anteriores. Se determina la curva de la instalación teniendo en cuenta las pérdidas primarias y secundarias, y se escoge el ventilador adecuado para el punto de funcionamiento deseado, para ello se ha de disponer de las curvas características de los ventiladores.

Un gas tiene la propiedad que cuando se aumenta su presión la densidad aumenta de forma que podemos almacenar gran cantidad de gas en un volumen reducido, esto se hace introduciendo el gas en un depósito mediante un compresor. Desde estos depósitos se suministra el gas hasta su consumo. Por ejemplo, en un hospital el depósito de oxígeno debe suministrar este gas a cada una de las camas del hospital a través de una red de tuberías. En una cocina la bombona de gas butano suministra a la cocina y al termo de agua caliente. En una industria el depósito del compresor de aire comprimido debe suministrar aire a cada máquina y herramienta neumática. En la Europa continental, el combustible más usado para la calefacción es el gas natural, este gas debe llegar desde donde se extrae, a los depósitos de almacenamiento primarios, a los depósitos intermedios, y a cada vivienda.

1. Flujo compresible en conductos con fricción

Para que el gas pueda llegar desde el depósito de almacenamiento hasta su consumo hay que disponer de una red de tuberías. En este apartado estudiaremos el flujo en un conducto recto de sección constante. Para ello consideramos un elemento diferencial de tubería de sección A y longitud dx.

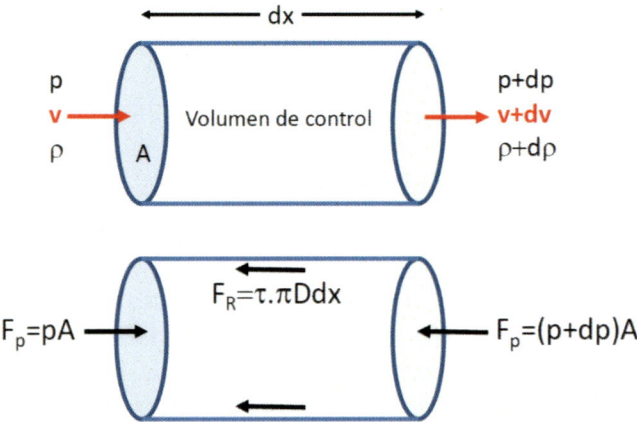

Figura 5.1. Elemento diferencial de gas en un conducto.

Aplicamos en Principio de Conservación de la Cantidad de Movimiento a este elemento diferencial que constituye nuestro pequeño volumen de control. En los extremos del elemento diferencial el fluido se tienen las presiones p y p + dp, las velocidades v y v + dv, y las densidades ρ y ρ + dρ.

A continuación, aplicamos el Teorema de Transporte de Reynolds en el volumen de control VC representado:

$$\sum \vec{f}_{ext} = \sum_{salientes} \dot{m}_i \vec{v}_i - \sum_{entrantes} \dot{m}_i \vec{v}_i$$

Las fuerzas que soporta el fluido contenido en el volumen de control serán las fuerzas de presión y la fuerza de rozamiento. Las fuerzas de presión en cada sección son pA y (p + dp) A. Por otra parte, la fuerza de rozamiento será el producto de la tensión de fricción τ por la superficie lateral del conducto diferencial. En la dirección del eje de la tubería tenemos:

$$pA - (p + dp)A - \tau \cdot \pi D dx = \dot{m}(v + dv) - \dot{m}v$$

$$Adp + \dot{m}dv + \tau \pi D dx = 0 \tag{5.1}$$

Ahora relacionaremos la tensión de fricción con el coeficiente de fricción de Darcy. Para ello, recordamos las expresiones de las pérdidas de presión estudiadas los capítulos 2 y 3:

$$\Delta h = \frac{4\tau dx}{\rho D g} = \lambda \frac{dx}{D} \frac{v^2}{2g}$$

$$\tau = \lambda \rho v^2 / 8$$

Sustituyendo la tensión de fricción en (1) y dividiendo por ρgA, obtenemos:

$$\boxed{\frac{dp}{\rho g} + \frac{vdv}{g} + \lambda \frac{v^2}{2g} \frac{dx}{D} = 0} \qquad (5.2)$$

Esta ecuación es similar a la de Bernoulli. Sin embargo, en este caso está aplicado a un elemento diferencial de conducto, en el que se ha despreciado el término de energía potencial debido a la baja densidad del gas. En esta expresión, la presión, la densidad y la velocidad dependen de la coordenada x. Para eliminar una de estas variables en la expresión final ponemos la velocidad en función del gasto másico $\dot{m} = G = v\rho A$.

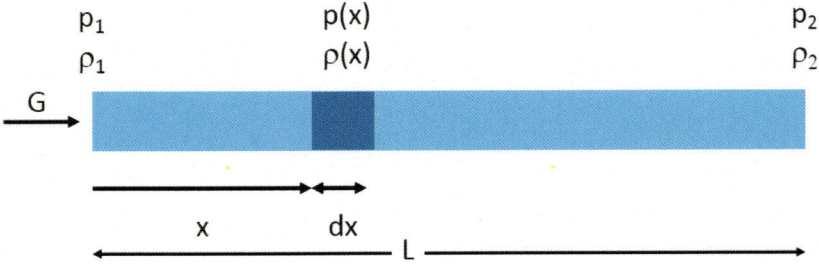

Figura 5.2. gasto másico en conductos.

Así tenemos:

$$v = \frac{G}{\rho A} \qquad\qquad dv = -\frac{G}{\rho^2 A} d\rho$$

Sustituyendo nos queda la siguiente expresión:

$$\frac{dp}{\rho g} - \frac{G^2 d\rho}{\rho^3 A^2 g} + \frac{\lambda G^2}{2g\rho^2 A^2} \frac{dx}{D} = 0$$

Si multiplicamos por gρ², obtenemos:

$$\boxed{\rho dp - \frac{G^2}{A^2} \frac{d\rho}{\rho} + \frac{\lambda G^2}{2A^2} \frac{dx}{D} = 0} \qquad (5.3)$$

Donde λ es el coeficiente de fricción de Darcy, que es función del número de Reynolds Re y de la rugosidad relativa ε/D. Se determina de la misma forma que en el caso de fluidos incompresibles, es decir, utilizando el diagrama de Moody o fórmula de Colebrook si el régimen es turbulento.

Para integrar esta ecuación diferencial vamos a suponer que el fluido se comporta como un gas ideal.

$$\frac{p}{\rho} = \frac{RT}{M} \qquad (5.4)$$

Donde R es la constante de los gases perfectos R = 8,314 $Jmol^{-1}K^{-1}$, M es la masa molecular del gas y T es la temperatura absoluta. Hay que recordar que la presión de todas las expresiones de este capítulo es la presión absoluta, es decir si medimos la presión con un manómetro hemos de sumarle la presión atmosférica. La hipótesis de gas ideal relaciona la presión con la densidad, pero incorpora una nueva variable que es la temperatura, para poder relacionar estas variables (presión y densidad) hemos de incorporar una hipótesis adicional que consiste de una aproximación del flujo de fluido. Las aproximaciones que consideraremos son:

· Aproximación isoterma:

$$p/\rho = Cte$$

· Aproximación adiabática:

$$p/\rho^\gamma = Cte$$

En los apartados siguientes estudiaremos cada uno de estos casos.

1.1. Aproximación isoterma

Esta aproximación se aplica en el caso de conducciones de gran longitud y sin aislamiento térmico. Este es el caso de casi todas las conducciones de distribución aire comprimido o gas ciudad, por ejemplo. En estos casos se considera la temperatura constante e igual a la exterior. En el caso de un gaseoducto que atraviese regiones a temperaturas muy distintas el cálculo se haría por tramos con diferente temperatura media.

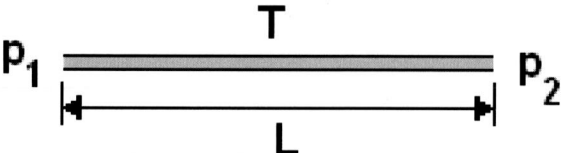

Figura 5.3. Conducto a una temperatura T.

En estos casos $p/\rho = RT/M$ = cte. Ahora integramos cada miembro de la ecuación 4 con esta hipótesis:

$$\int_{p1}^{p2} \rho dp = \int_{p1}^{p2} \frac{pM}{RT} dp = \frac{M}{RT} \int_{p1}^{p2} pdp = \frac{M}{2RT}\left(p_2^2 - p_1^2\right)$$

$$\int_{p1}^{\rho2} \frac{d\rho}{\rho} = Ln\frac{\rho_2}{\rho_1} = Ln\frac{p_2}{p_1}$$

$$\int_{0}^{L} dx = L$$

Sustituyendo y ordenando términos, tenemos:

$$\boxed{\frac{M}{2RT}\left(p_1^2 - p_2^2\right) = \frac{G^2}{A^2} Ln\frac{p_1}{p_2} + \lambda \frac{G^2}{2A^2}\frac{L}{D}} \tag{5.5}$$

1.2. Aproximación adiabática

Esta aproximación se utiliza en el flujo de gases en conductos que tienen aislamiento térmico, y por ello la transferencia de calor al exterior es despreciable. También se utiliza en conducciones cortas donde difícilmente se ha producido una transmisión del calor del fluido con el exterior de la conducción. Aunque en este segundo caso se suelen despreciar las pérdidas por fricción.

En estos casos $p / \rho^\gamma = K$. Entonces la integración del primer miembro de la ecuación 4 es diferente:

$$\int_{p1}^{p2} \rho dp = \int_{\rho1}^{\rho2} K\gamma\rho^\gamma d\rho = \ldots\ldots = \frac{\gamma}{\gamma+1} p_1\rho_1 \left[(p_2 / p_1)^{\frac{\gamma+1}{\gamma}} - 1 \right]$$

$$\int_{p1}^{\rho2} \frac{d\rho}{\rho} = Ln\frac{\rho_2}{\rho_1} = Ln(p_2 / p_1)^{1/\gamma}$$

Finalmente obtenemos:

$$\boxed{\frac{\gamma}{\gamma+1} p_1\rho_1 \left[1 - (p_2 / p_1)^{\frac{\gamma+1}{\gamma}} \right] = \frac{G^2}{A^2} Ln(p_1 / p_2)^{\frac{1}{\gamma}} + \lambda \frac{G^2}{2A^2}\frac{L}{D}} \tag{5.6}$$

1.3. Flujo compresible subsónico entre puntos muy próximos

En el caso de flujo de gases entre puntos muy próximos (estrechamientos, toberas, ...), la transferencia de calor es muy pequeña y la fricción se suele despreciar y la ecuación 5.2 queda de la forma:

$$\frac{dp}{\rho} + vdv = 0$$

Consideramos la aproximación de gas ideal y que flujo es adiabático p/ρ^γ = K. Integrando los dos miembros de la ecuación tenemos:

$$\int \frac{dp}{\rho} = \int \frac{K\gamma\, \rho^{\gamma-1} d\rho}{\rho} = K\gamma \int_{\rho_1}^{\rho_2} \rho^{\gamma-2} d\rho = K\frac{\gamma}{\gamma-1}\left(\rho_2^{\gamma-1} - \rho_1^{\gamma-1}\right) =$$

$$= \frac{p_1}{\rho_1^{\gamma}} \rho_1^{\gamma-1} \frac{\gamma}{\gamma-1}\left(\frac{\rho_2^{\gamma-1}}{\rho_1^{\gamma-1}} - 1\right) = \frac{p_1}{\rho_1} \frac{\gamma}{\gamma-1}\left(\left(\frac{p_2}{p_1}\right)^{\frac{\gamma-1}{\gamma}} - 1\right)$$

$$\int_{v_1}^{v_2} vdv = \frac{v_2^2 - v_1^2}{2}$$

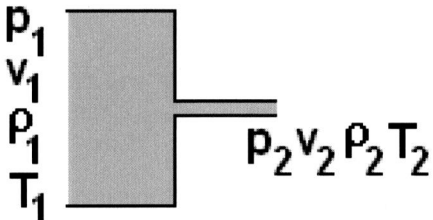

Figura 5.4. Flujo entre dos puntos muy próximos.

Finalmente obtenemos la relación entre las magnitudes al principio y al final de la conducción:

$$\boxed{\frac{V_2^2 - V_1^2}{2} = \frac{p_1}{\rho_1}\left(\frac{\gamma}{\gamma-1}\right)\left[1 - \left(\frac{p_2}{p_1}\right)^{\frac{\gamma-1}{\gamma}}\right]}$$
(5.7)

2. Ejemplos prácticos de transporte de gas

2.1. Ejemplo 33: transporte isotermo (1/3)

Se desea transportar 500 m³/h de etileno, medidos a 101.3 kPa y 293 K, desde un tanque de almacenamiento hasta un depósito intermedio, por una conducción horizontal de acero de 50 mm de diámetro interno y una longitud equivalente total de 800 m. Calcular la presión a la que es necesario comprimir el etileno inicialmente para que la presión de descarga en el depósito intermedio sea de 490 kPa. Datos:

Rugosidad de la tubería de acero: $\varepsilon = 0.054$ mm

Viscosidad dinámica del etileno: $\mu = 0.01$ mPas

Masa molecular del etileno: M = 28 g/mol

Constante de los gases perfectos: R = 8.314 J/(mol K)

Sección de la tubería: $A = \pi D^2/4 = 19.635$ cm²

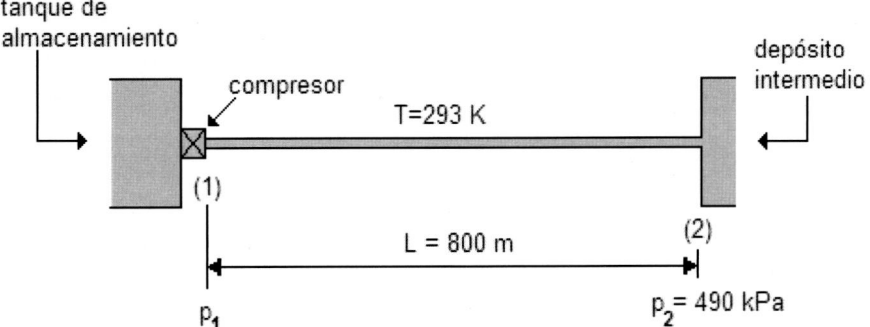

- En primer lugar, calculamos el gasto másico. El caudal es de 500 m³/h para 101,3 kPa y 293 K. La densidad para estas condiciones de presión y temperatura será

$$\rho = \frac{pM}{RT} = \frac{101.3 \cdot 10^3 \cdot 28 \cdot 10^{-3}}{8.314 \cdot 293} = 1.1644 \, kg/m^3$$

- El gasto másico:

$$\dot{m} = G = V\rho A = \frac{500}{3600} \cdot 1.1644 = 0.1617 \, kg/s$$

- Ahora determinamos el coeficiente de pérdidas de Darcy

- Número de Reynolds:

$$Re = \frac{\rho v D}{\mu} = \rho \frac{G}{\rho A} D \cdot \frac{1}{\mu} = \frac{GD}{\mu A} = \frac{0.1617 \cdot 0.05}{0.01 \cdot 10^{-3} \cdot 19.635 \cdot 10^{-4}} = 411810$$

· Rugosidad relativa $\varepsilon/D = 0.0011$

· Utilizando el diagrama de Moody o la ecuación de Colebrook obtenemos $\lambda = 0.0207$

· Presión a la salida del compresor (p_1). Sustituyendo valores en la ecuación, se obtiene p_1:

$$\frac{M}{2RT}\left(p_1^2 - p_2^2\right) = \frac{G^2}{A^2} Ln \frac{p_1}{p_2} + \lambda \frac{G^2}{2A^2} \frac{L}{D}$$

$$5.7471 \cdot 10^{-6}\left(p_1^2 - p_2^2\right) = 6.7835 \cdot 10^3 Ln \frac{p_1}{p_2} + 1.1234 \cdot 10^6$$

· Para que la presión p_2 sea de 490 kPa, la presión p_1 deberá ser 660.24 kPa.

2.2. Ejemplo 34: transporte isotermo paralelo

Una compañía de gas natural dispone de una conducción de 0.15 m de diámetro interno para transportar gas natural a sus clientes. Para atender una demanda mayor instaló otra conducción en paralelo con la anterior y de idéntica longitud. Resultó que el 70% del gas circulaba por la primitiva conducción de 0.15 m de diámetro y el 30% restante lo hacía por la conducción recién instalada.

Si el caudal másico total transportado es de 1350 kg/h a una presión inicial de 230 kPa y con una presión de salida de 106 kPa, calcular el diámetro de la nueva conducción. Datos:

Masa molecular media del gas natural: 24 g/mol

Temperatura media en el gas: 294 K

Viscosidad dinámica media del gas: 0.016 mPas

Rugosidad de los conductos: 0.046 mm

· Cálculo de la longitud de la tubería de D = 0.15 m (70%).

- Calculamos el gasto másico:

$$G = 70\%\, 1350\, kg\, /\, h = \frac{0.7 \cdot 1350}{3600} = 0.2625\ kg\, /\, s$$

- Calculamos el factor de pérdidas. Número de Reynolds:

$$\mathrm{Re} = \frac{\rho v D}{\mu} = \frac{1}{\mu} \cdot \rho \frac{G}{\rho A} D = \frac{GD}{\mu A} = 139361$$

- Rugosidad relativa $\varepsilon/D = 3.0667 \cdot 10^{-4}$

- Utilizando el diagrama de Moody o la ecuación de Colebrook obtenemos $\lambda = 0.0186$

- Calculamos la longitud de la tubería:

- Para $p_1 = 230\,kPa$ y $p_2 = 106\,kPa$, sustituyendo valores en la ecuación obtenemos la longitud L.

$$\frac{M}{2RT}\left(p_1^2 - p_2^2\right) = \frac{G^2}{A^2} Ln \frac{p_1}{p_2} + \lambda \frac{G^2}{2A^2} \frac{L}{D}$$

- L=14949 m ≈ 15 km

- Cálculo del diámetro de la nueva tubería (30%)

- Calculamos el gasto másico:

$$G = 30\%\, 1350\, kg = \frac{0.3 \cdot 1350}{3600} = 0.1125\ kg\, /\, s$$

- Ponemos las expresiones del Número de Reynolds y de la rugosidad relativa en función del diámetro incógnita D:

$$R_e = \frac{\rho \cdot v \cdot D}{\mu} = \rho \cdot \frac{G}{\rho A} \cdot D \cdot \frac{1}{\mu} = \frac{G \cdot D}{\mu \cdot A} = \frac{G.D}{\mu \cdot \frac{\pi}{4} D^2} = \frac{4G}{\mu \pi D}$$

$$K_r = \frac{K}{D} = \frac{0.046 \cdot 10^{-3}}{D}$$

- Sustituimos valores en la ecuación correspondiente:

$$\frac{M}{2RT}\left(p_1^2 - p_2^2\right) = \frac{G^2}{A^2} Ln\frac{p_1}{p_2} + \lambda \frac{G^2}{2A^2}\frac{L}{D}$$

$$\frac{M}{2RT}\left(p_1^2 - p_2^2\right) = \frac{G^2}{(\pi D^2/4)^2} Ln\frac{p_1}{p_2} + \lambda \frac{G^2}{2(\pi D^2/4)^2}\frac{L}{D}$$

$$\frac{M}{2RT}\left(p_1^2 - p_2^2\right) = \frac{16G^2}{\pi^2 D^4} Ln\frac{p_1}{p_2} + \lambda \frac{8G^2 L}{\pi^2 D^5}$$

- Proceso iterativo para G=0.1125 kg/s y L=15 km:

λ	D (m)	Re	Kr	λ
0.0200	0.1085	82491	0.00042386	0.0206
0.0206	0.1091	82026	0.00042147	0.0206

- El diámetro de la nueva tubería que transporta el 30% del gas es D= 0,1091 m= 10.91 cm.

2.3. Ejemplo 35: transporte isotermo (2/3)

Un depósito contiene etileno a 300 kN/m^2 y 293 K. Se desea transportarlo hasta un recipiente que se encuentra a presión atmosférica (101.325 kN/m^2), por una conducción de acero de 0.1 m de diámetro interno y 500 m de longitud. Calcular el caudal de circulación, suponiendo que ésta es isoterma y que el etileno se comporta como un gas ideal. Datos:

Masa molecular del etileno: M = 28 g/mol

Rugosidad de la tubería de acero: K= 0.046 mm

Viscosidad dinámica etileno a 293 K: μ = 0.010 mPas

Datos de la conducción: P$_1$=300 kN/m^2 =300 kPa;

     P$_2$=101.325 kN/m^2 = 101.325 kPa

     T= 293 K; D=0.1 m; L=500 m

Rugosidad relativa de la tubería: K/D = 0.046·10^{-3}/0.1=0.0046·10^{-3}

- Las ecuaciones a utilizar son las siguientes:

$$\frac{M}{2RT}\left(p_1^2 - p_2^2\right) = \frac{G^2}{A^2} Ln\frac{p_1}{p_2} + \lambda \frac{G^2}{2A^2}\frac{L}{D} \qquad Ec.1$$

$$\text{Re} = \frac{\rho v D}{\mu} = \rho \frac{G}{\rho A} D \cdot \frac{1}{\mu} = \frac{GD}{\mu A} \qquad Ec.2$$

- Proceso iterativo:

λ	G kg/s (Ec. 1)	Re (Ec. 2)	λ
0.02000	0.743851	947101	0.01696
0.01696	0.806290	1026600	0.01692
0.01692	0.807250	1027823	0.01692

- Solución: Caudal másico = 0. 80725 kg/s.

2.4. Ejemplo 36: transporte isotermo (3/3)

Una conducción de 1200 m suministra gas directamente al consumo a una presión de 0.1 MPa. La tubería es de acero y de 5 cm de diámetro interno. Un compresor de impulsión comprime el gas a una presión P_1. Suponga que el transporte se hace a temperatura constante T = 293 K. Datos:

Masa molecular media del gas natural: 24 g/mol

Viscosidad dinámica media del gas: 0.016 m Pas

Rugosidad de los conductos: 0.046 mm

a) Determine la cantidad de gas que va por la tubería si P1 = 0.5 MPa

b) Determine la presión P1 para que el caudal másico sea 0.05 kg/s.

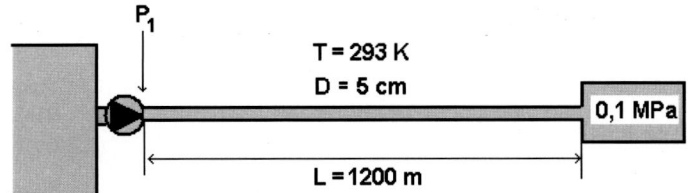

- Caudal másico para P_1 = 0.5 MPa. Ecuaciones a utilizar:

$$\frac{M}{2RT}\left(p_1^2 - p_2^2\right) = \frac{G^2}{A^2} Ln\frac{p_1}{p_2} + \lambda \frac{G^2}{2A^2} \frac{L}{D} \qquad Ec.1$$

$$\text{Re} = \frac{\rho v D}{\mu} = \rho \frac{G}{\rho A} D \cdot \frac{1}{\mu} = \frac{GD}{\mu A} \qquad Ec.2$$

- Proceso iterativo:

λ	G kg/s (Ec. 1)	Re (Ec. 2)	λ
0.0200	0.13735	218600	0.0206
0.0206	0.13533	215390	0.0206

- Solución: caudal másico G = 0.1353 kg/s

- Presión p_1 para G = 0.05 kg/s

$$\text{Re} = \frac{GD}{\mu A} = \frac{0.05 \cdot 0.05}{16 \cdot 10^{-3} \cdot 19.635 \cdot 10^{-4}} = 79577$$

$$Rugosidad\ relativa : \frac{\varepsilon}{D} = \frac{0.046 \cdot 10^{-3}}{0.05} = 0.00092$$

- Utilizado la fórmula de Colebrook, obtenemos λ = 0.0224

- Sustituyendo valores en la ecuación siguiente obtenemos la presión p_1:

$$\frac{M}{2RT}\left(p_1^2 - p_2^2\right) = \frac{G^2}{A^2} Ln \frac{p_1}{p_2} + \lambda \frac{G^2}{2A^2} \frac{L}{D}$$

- Solución: p_1 = 213.408 kPa

2.5. Ejemplo 37: transporte adiabático (1/3)

Por una tubería de 50 mm de diámetro interno circula nitrógeno en flujo adiabático. En una sección determinada, la velocidad, la presión y la densidad son respectivamente: 125 m/s, 580 kPa (abs), 1.0705 kg/m³. Determine el gasto másico y la velocidad en una segunda sección, a corta distancia de la anterior, donde la presión es de 570 kPa (abs) Considérese γ = 1.40.

- Gasto másico:

$$\dot{m} = G = V_1\rho_1 A_1 = 125 \cdot 1.0705 \cdot \frac{\pi (50 \cdot 10^{-3})^2}{4} = 0.2627 kg/s$$

- En este ejercicio no se considera pérdidas por fricción.

- El enunciado indica que las secciones están muy próximas, por ello utilizamos la expresión 5.7:

$$V_2^2 = V_1^2 + 2\frac{p_1}{\rho_1}\left(\frac{\gamma}{\gamma-1}\right)\left[1-\left(\frac{p_2}{p_1}\right)^{\frac{\gamma-1}{\gamma}}\right]$$

· Solución: V_2 = 185.54 m/s

2.6. Ejemplo 38: transporte adiabático (2/3)

En un punto de una línea de corriente de un flujo de aire adiabático, la velocidad, la presión y el peso específico son 30.5 m/s, 350 kPa (abs) y 0.028 kN/m³, respectivamente. Determinar la presión en un segundo punto de la línea de corriente (próximo al primero), donde la velocidad es 150 m/s Considere γ = 1.40.

· El procedimiento es el siguiente:

$$\left(\frac{p_2}{p_1}\right)^{\frac{\gamma-1}{\gamma}} = 1 - \frac{V_2^2 - V_1^2}{2}\frac{\rho_1}{p_1}\left(\frac{\gamma-1}{\gamma}\right) = 0.9749$$

$$p_2 = 350 \cdot (0.9749)^{(1.4/0.4)} = 320.2 \ kPa$$

· Solución: P_2 = 320.2 kPa

2.7. Ejemplo 39: transporte adiabático (3/3)

A través de una tubería de 80 mm de diámetro con un estrechamiento de 50 mm de diámetro circula aire. La presión y temperatura del aire en la tubería son 745 kPa (man) y 40 °C, respectivamente. La presión en el estrechamiento es de 560 kPa (man). La presión barométrica es de 100 kPa (abs). ¿Cuál es el gasto de aire en la tubería? Para el aire considerar: γ = 1.40; M = 28.9 g/mol.

· Presiones absolutas:

$$p_1 = 100 + 745 = 845 \ kPa \qquad p_2 = 100 + 560 = 660 \ kPa$$

· Densidades:

$$\rho_1 = \frac{p_1 M}{RT_1} = \frac{845 \cdot 10^3 \cdot 28.9 \cdot 10^{-3}}{8.314 \cdot 313} = 9.3843 \ kg/m^3$$

$$\rho_2 = \left(\frac{p_2}{p_1}\rho_1^\gamma\right)^{1/\gamma} = \rho_1\left(p_2 / p_1\right)^{1/\gamma} = 7.8659 \ \text{kg}/m^3$$

· Secciones de las tuberías:

$$A_1 = \pi \cdot 0.08^2 / 4 = 5.0265 \cdot 10^{-3} \ m^2$$
$$A_2 = \pi \cdot 0.05^2 / 4 = 1.9635 \cdot 10^{-3} \ m^2$$

· Velocidades en función del gasto másico:

$$V_1 = \frac{G}{\rho_1 A_1} = 21.1997\,G \qquad V_2 = \frac{G}{\rho_2 A_2} = 64.7473\,G$$

· Diferencia de velocidades al cuadrado:

$$V_2^2 - V_1^2 = 2\frac{p_1}{\rho_1}\left(\frac{\gamma}{\gamma-1}\right)\left[1 - \left(\frac{p_2}{p_1}\right)^{\frac{\gamma-1}{\gamma}}\right] = 4.2965 \cdot 10^4$$

· Gasto másico

$$G^2(4.1922 \cdot 10^3 - 0.4494 \cdot 10^3) = 4.2965 \cdot 10^4$$

$$G = \sqrt{\frac{4.2965 \cdot 10^4}{3.7428 \cdot 10^3}} = 3.3881 \ kg/s$$

· Solución: G = 3.3881 kg / s

2.8. Ejemplo 40: descarga de depósito

Desde un depósito de grandes dimensiones se está descargando aire a 28ºC, a través de una tobera convergente con un diámetro de salida de 10 mm. La descarga se efectúa a la atmósfera donde la presión es de 96.5 kPa (abs). La presión del aire en el interior del depósito es de 40.0 kPa (man). ¿Cuál es el gasto a través de la tobera? Para el aire considerar: γ = 1.40; M = 28.9 g/mol.

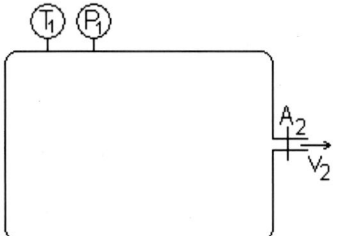

· Presiones absolutas en el depósito (1) y en el estrechamiento o tobera convergente (2)

$$p_1 = 40.0 + 96.5 = 136.5 \ kPa$$
$$p_2 = 96.5 \ kPa$$

· Densidades:

$$\rho_1 = \frac{p_1 M}{RT_1} = \frac{136.5 \cdot 10^3 \cdot 28.9 \cdot 10^{-3}}{8.314 \cdot 301} = 1.5764 \ kg/m^3$$

$$\rho_2 = \left(\frac{p_2}{p_1} \rho_1^\gamma \right)^{1/\gamma} = \rho_1 \left(p_2/p_1 \right)^{1/\gamma} = 1.2305 \ kg/m^3$$

· Sección del estrechamiento (tobera convergente):

$$A_2 = \pi \cdot 0.01^2 / 4 = 0.0785 \cdot 10^{-3} \ m^2$$

· La velocidad en el depósito (1) de "grandes dimensiones" la consideramos cero.

$$V_1 = 0$$
$$V_2 = \frac{G}{\rho_2 A_2} = 10.3474 \cdot 10^3 \ G$$

· Gasto másico:

$$V_2^2 - 0 = 2 \frac{p_1}{\rho_1} \left(\frac{\gamma}{\gamma-1} \right) \left[1 - \left(\frac{p_2}{p_1} \right)^{\frac{\gamma-1}{\gamma}} \right] = 5.7178 \cdot 10^4$$

$$G = \frac{\sqrt{5.7178 \cdot 10^4}}{10.3474 \cdot 10^3} = 0.0231 \ kg/s$$

· Solución: G = 0.0231 kg / s

BIBLIOGRAFÍA

1. Bergadá, Josep M. Mecánica de Fluidos. Problemas Resueltos. Edicions UPC, Barcelona 2006.

2. Çengel, Yunus A & Cimbala, John M. Mecánica de Fluidos: Fundamentos y Aplicaciones. McGraw-Hill, México, 2012.

3. Cherenque Morán, Wendor. Mecánica de Fluidos I y II. Ed. Pontificia Universidad Católica del Perú. Lima, 2010.

4. Costa Novella, E. Ingeniería Química. Tomo III. Flujo de Fluidos. Alhambra Univeridad, Madrid, 1988.

5. Crespo Martínez, Antonio. Mecánica de Fluidos. Thomson Paraninfo, Madrid, 2006.

6. Giles, Ranald V & Evett, Jack B & Liu, Cheng. Mecánica de los Fluidos e Hidráulica. Schaum, McGraw-Hill, Madrid, 2003.

7. Hughes, William & Brighton, John A. Teoría y Problemas de Dinámica de Fluidos. Schaum. McGraw-Hill, México, 1980.

8. Mataix, Claudio. Mecánica de fluidos y máquinas hidráulicas. Oxford University Press, México, 1982.

9. Mott, Rober. Mecánica de Fluidos. Pearson Educación. México, 2006.

10. Munson, Bruce R & Young, Donald F & Okiishi, Theodore H. Fundamentos de Mecánica de Fluidos. Limusa, México 1999.

11. Potter, Merle C. & Wiggert, David C. & Ramadan B., Mecánica de Fluidos. Cengage Learning, México 2015.

12. Shames, Irving. Mecánica de Fluidos. McGraw-Hill Interamericana S A, Santafé de Bogotá, 1995.

13. Streeter, Victor & Wyle, Benjamin. Mecánica de Fluidos. McGraw-Hill Interamericana S A, México 1988.

14. White, Frank M. Mecánica de Fluidos. McGraw-Hill, Madrid, 2008.

15. Zamora Parra, Blas & Viedma Robles, Antonio. Máquinas Hidráulicas. Teoría y Problemas. Universidad Politécnica de Cartagena CRAI biblioteca, 2016.

Anexo I

OPERADORES VECTORIALES EN DISTINTOS SISTEMAS DE COORDENADAS

Coordenadas cartesianas

$$d\mathbf{l} = dx\,\hat{\mathbf{x}} + dy\,\hat{\mathbf{y}} + dz\,\hat{\mathbf{z}}, \qquad d\tau = dx\,dy\,dz$$

Gradiente: $\nabla t = \dfrac{\partial t}{\partial x}\hat{\mathbf{x}} + \dfrac{\partial t}{\partial y}\hat{\mathbf{y}} + \dfrac{\partial t}{\partial z}\hat{\mathbf{z}}$.

Divergencia: $\nabla \cdot \mathbf{v} = \dfrac{\partial v_x}{\partial x} + \dfrac{\partial v_y}{\partial y} + \dfrac{\partial v_z}{\partial z}$

Rotor: $\nabla \times \mathbf{v} = \left(\dfrac{\partial v_z}{\partial y} - \dfrac{\partial v_y}{\partial z} \right)\hat{\mathbf{x}} + \left(\dfrac{\partial v_x}{\partial z} - \dfrac{\partial v_z}{\partial x} \right)\hat{\mathbf{y}} + \left(\dfrac{\partial v_y}{\partial x} - \dfrac{\partial v_x}{\partial y} \right)\hat{\mathbf{z}} = \det \begin{pmatrix} \hat{\mathbf{x}} & \hat{\mathbf{y}} & \hat{\mathbf{z}} \\ \dfrac{\partial}{\partial x} & \dfrac{\partial}{\partial y} & \dfrac{\partial}{\partial z} \\ v_x & v_y & v_z \end{pmatrix}$

Laplaciano: $\nabla^2 t = \dfrac{\partial^2 t}{\partial x^2} + \dfrac{\partial^2 t}{\partial y^2} + \dfrac{\partial^2 t}{\partial z^2}$

Coordenadas esféricas

$$d\mathbf{l} = dr\,\hat{\mathbf{r}} + r\,d\theta\,\hat{\boldsymbol{\theta}} + r\sin\theta\,d\varphi\,\hat{\boldsymbol{\varphi}}, \qquad d\tau = r^2 \sin\theta\,dr\,d\theta\,d\varphi$$

Gradiente: $\nabla t = \dfrac{\partial t}{\partial r}\hat{\mathbf{r}} + \dfrac{1}{r}\dfrac{\partial t}{\partial \theta}\hat{\boldsymbol{\theta}} + \dfrac{1}{r\sin\theta}\dfrac{\partial t}{\partial \varphi}\hat{\boldsymbol{\varphi}}$

Divergencia: $\nabla \cdot \mathbf{v} = \dfrac{1}{r^2}\dfrac{\partial}{\partial r}\left(r^2 v_r \right) + \dfrac{1}{r\sin\theta}\dfrac{\partial}{\partial \theta}\left(\sin\theta\, v_\theta \right) + \dfrac{1}{r\sin\theta}\dfrac{\partial v_\varphi}{\partial \varphi}$

Rotor:

$$\nabla \times \mathbf{v} = \dfrac{1}{r\sin\theta}\left[\dfrac{\partial}{\partial \theta}\left(\sin\theta\, v_\varphi \right) - \dfrac{\partial v_\theta}{\partial \varphi} \right]\hat{\mathbf{r}} + \dfrac{1}{r}\left[\dfrac{1}{\sin\theta}\dfrac{\partial v_r}{\partial \varphi} - \dfrac{\partial}{\partial r}\left(r v_\varphi \right) \right]\hat{\boldsymbol{\theta}} + \dfrac{1}{r}\left[\dfrac{\partial}{\partial r}\left(r v_\theta \right) - \dfrac{\partial v_r}{\partial \theta} \right]\hat{\boldsymbol{\varphi}}$$

Laplaciano: $\nabla^2 t = \dfrac{1}{r^2}\dfrac{\partial}{\partial r}\left(r^2 \dfrac{\partial t}{\partial r} \right) + \dfrac{1}{r^2 \sin\theta}\dfrac{\partial}{\partial \theta}\left(\sin\theta\,\dfrac{\partial t}{\partial \theta} \right) + \dfrac{1}{r^2 \sin^2\theta}\dfrac{\partial^2 t}{\partial \varphi^2}$

Coordenadas cilíndricas

$$d\mathbf{l} = d\rho\,\hat{\boldsymbol{\rho}} + \rho\,d\varphi\,\hat{\boldsymbol{\varphi}} + dz\,\hat{\mathbf{z}} \qquad d\tau = \rho\,d\rho\,d\varphi\,dz$$

Gradiente: $\nabla t = \dfrac{\partial t}{\partial \rho}\hat{\boldsymbol{\rho}} + \dfrac{1}{\rho}\dfrac{\partial t}{\partial \varphi}\hat{\boldsymbol{\varphi}} + \dfrac{\partial t}{\partial z}\hat{\mathbf{z}}$

Divergencia: $\nabla \cdot \mathbf{v} = \dfrac{1}{\rho}\dfrac{\partial}{\partial \rho}\left(\rho v_\rho\right) + \dfrac{1}{\rho}\dfrac{\partial v_\varphi}{\partial \varphi} + \dfrac{\partial v_z}{\partial z}$

Rotor: $\nabla \times \mathbf{v} = \left[\dfrac{1}{\rho}\dfrac{\partial v_z}{\partial \varphi} - \dfrac{\partial v_\varphi}{\partial z}\right]\hat{\boldsymbol{\rho}} + \left[\dfrac{\partial v_\rho}{\partial z} - \dfrac{\partial v_z}{\partial \rho}\right]\hat{\boldsymbol{\varphi}} + \dfrac{1}{\rho}\left[\dfrac{\partial}{\partial \rho}\left(\rho\,v_\varphi\right) - \dfrac{\partial v_\rho}{\partial \varphi}\right]\hat{\mathbf{z}}$

Laplaciano: $\nabla^2 t = \dfrac{1}{\rho}\dfrac{\partial}{\partial \rho}\left(\rho\,\dfrac{\partial t}{\partial \rho}\right) + \dfrac{1}{\rho^2}\dfrac{\partial^2 t}{\partial \varphi^2} + \dfrac{\partial^2 t}{\partial z^2}$

IDENTIDADES VECTORIALES

Productos triples

(1) $\quad \mathbf{A} \cdot (\mathbf{B} \times \mathbf{C}) = \mathbf{B} \cdot (\mathbf{C} \times \mathbf{A}) = \mathbf{C} \cdot (\mathbf{A} \times \mathbf{B})$

(2) $\quad \mathbf{A} \times (\mathbf{B} \times \mathbf{C}) = \mathbf{B}(\mathbf{A} \cdot \mathbf{C}) - \mathbf{C}(\mathbf{A} \cdot \mathbf{B})$

Derivación de productos

(3) $\quad \nabla(fg) = f(\nabla g) + g(\nabla f)$

(4) $\quad \nabla(\mathbf{A} \cdot \mathbf{B}) = \mathbf{A} \times (\nabla \times \mathbf{B}) + \mathbf{B} \times (\nabla \times \mathbf{A}) + (\mathbf{A} \cdot \nabla)\mathbf{B} + (\mathbf{B} \cdot \nabla)\mathbf{A}$

(5) $\quad \nabla \cdot (f\mathbf{A}) = f(\nabla \cdot \mathbf{A}) + \mathbf{A} \cdot (\nabla f)$

(6) $\quad \nabla \cdot (\mathbf{A} \times \mathbf{B}) = \mathbf{B} \cdot (\nabla \times \mathbf{A}) - \mathbf{A} \cdot (\nabla \times \mathbf{B})$

(7) $\quad \nabla \times (f\mathbf{A}) = f(\nabla \times \mathbf{A}) - \mathbf{A} \times (\nabla f)$

(8) $\quad \nabla \times (\mathbf{A} \times \mathbf{B}) = (\mathbf{B} \cdot \nabla)\mathbf{A} - (\mathbf{A} \cdot \nabla)\mathbf{B} + \mathbf{A}(\nabla \cdot \mathbf{B}) - \mathbf{B}(\nabla \cdot \mathbf{A})$

Segundas derivadas

(9) $\quad \nabla \cdot (\nabla \times \mathbf{A}) = 0$

(10) $\quad \nabla \times (\nabla f) = 0$

(11) $\quad \nabla \times (\nabla \times \mathbf{A}) = \nabla(\nabla \cdot \mathbf{A}) - \nabla^2 \mathbf{A}$

TEOREMAS FUNDAMENTALES

Teorema del gradiente: $\quad \displaystyle\int_a^b (\nabla f) \cdot d\mathbf{l} = f(\mathbf{b}) - f(\mathbf{a})$

Teorema de la divergencia o de Gauss: $\quad \displaystyle\int (\nabla \cdot \mathbf{A})d\tau = \oint \mathbf{A} \cdot d\mathbf{a}$

Teorema del rotor o de Stokes: $\quad \displaystyle\int (\nabla \times \mathbf{A}) \cdot d\mathbf{a} = \oint \mathbf{A} \cdot d\mathbf{l}$

FT-2